CHAPTER 01

Pythonによる視覚化

Pythonは、オープンソースのプログラミング言語です。少ないコードで簡潔にプログラムを書けること、専門的なライブラリが豊富にあることなどが特徴とされており、この特徴により「Pythonは多様な視覚化が簡単に実現できる」ものになっています。

本章では、視覚化の必要性とPython活用の有効性に触れた後、本書で使用するPython実行環境の準備について説明します。本書では、Googleが無料で提供する「Google Colaboratory」というプログラミングのための統合開発環境を使用します。

なぜ視覚化が必要なのか?

Pythonで視覚化する前に、本節ではなぜ視覚化が必要なのか解説します。

Ⅲ 視覚化のお手本

「クリミア戦争に派兵されたイギリス軍兵士の多くが戦闘で受けた傷そのものよりも、病院の衛生環境の悪さによって死亡している」。このことを身をもって知り、病院の衛生環境を改善に尽力して多くの兵士の命を救ったのは、看護師団として派遣されたナイチンゲールです。

彼女が優れていたのは、戦地での活躍だけではなく、その後 この状況を誰もがわかるように視覚的に明らかにしたことです。

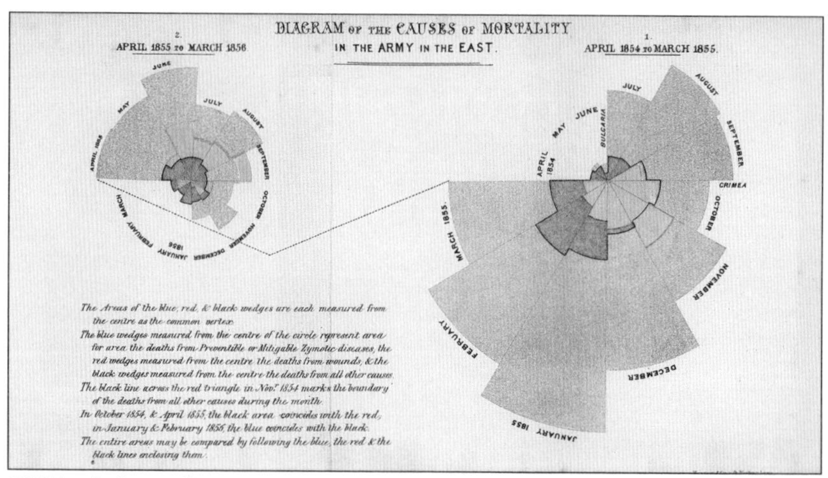

※Wikipedia(https://commons.wikimedia.org/wiki/File:Nightingale-mortality.jpg)より

このグラフは『DIAGRAM OF THE CAUSES OF MORTALITY』というタイトル通り、死亡理由が説明されたものですが、死亡理由の大小だけではなく、次の要素が「視覚化」されています。

- 月ごとのデータを時計回りに配置し、年月の推移を表現
- 死亡理由を青(予防可能な感染症)・赤(戦闘による負傷)・黒(その他の要因)の3色で表現
- 扇形の面積の大小によって死亡率を表現
- 衛生環境を改善しはじめる前と後を、右と左の円グラフで層別

データが直感的に理解しやすい配置、表現とされているので、要素の数ほどの複雑さを感じることなく、**「感染症による死亡は、病院の衛生管理を改善することで救うことができる」ということが一目でわかる**ものとなっています。

円グラフも棒グラフもなかった時代に、これだけの要素をシンプルに、全体から見ても個々のデータから見てもわかりやすく「視覚化」した発想はすごいとしかいいようがありません。

「視覚化」の目的

複雑なことは複雑なまま表現してもわかりません。どんなことでも「整えること」が把握に、「シンプルに配置すること」が理解につながります。データ分析の場合は「視覚化」がこれにあたり、グラフは視覚化のツールの1つです。

「視覚化」には、ナイチンゲールの例のようにデータを**シンプルに表現して第3者に伝えやすくする**ということと、**シンプルに表現することで理解や気づきを得る**という面があります。

プレゼンテーションで意識するのは前者、データ分析で意識するのは後者となりますが、いずれの場合も、よりよい視覚化はプラスとなります。

Pythonは「視覚化」の有効な武器

データが複雑であるほど、ナイチンゲールのようにシンプルに表現するのは簡単ではありませんが、我々の時代はナイチンゲールの時代と異なり、「視覚化」の選択肢は数多くあるので、我々はナイチンゲールよりもアドバンテージがあるはずです。

ただ、このアドバンテージを獲得するためには、視覚化にはどのようなものがあり、それらがどのようなときに活用できるかという結び付きを増やし、それらが実際に描けるようにならないといけません。

そこで有効な武器となるのがPythonです。Pythonは「ライブラリ」と呼ばれる「ある目的のために機能がまとめられたパッケージ」がとても充実しています。視覚化に特化したライブラリも数多くあり、誰でもすぐに無料で利用できます。

折れ線グラフ、棒グラフ、円グラフ、散布図、ヒストグラムなどの一般的なグラフ描画はもちろん、次のようなことも実行できます。

- いくつかのデータ項目を一度に視覚化
- いくつかのデータ項目を関連づけて視覚化
- インタラクティブ操作が可能な視覚化(マウス操作で、視覚化範囲を拡げたり、絞ったり、プロットの値を表示させたりなど)
- データセットの概要、基本統計量、関連グラフがセットとなったレポートを一発で出力

まずは実行環境を準備することからです。数分程度で終わる、ある設定を行うだけです。具体的には次節以降で解説します。

COLUMN ナイチンゲールも描きながら考えた?!

14ページで紹介したナイチンゲールによるグラフ『DIAGRAM OF THE CAUSES OF MORTALITY』には、もう1つのバージョンがあったようです。

通称『Bat wingチャート』と呼ばれるグラフです。

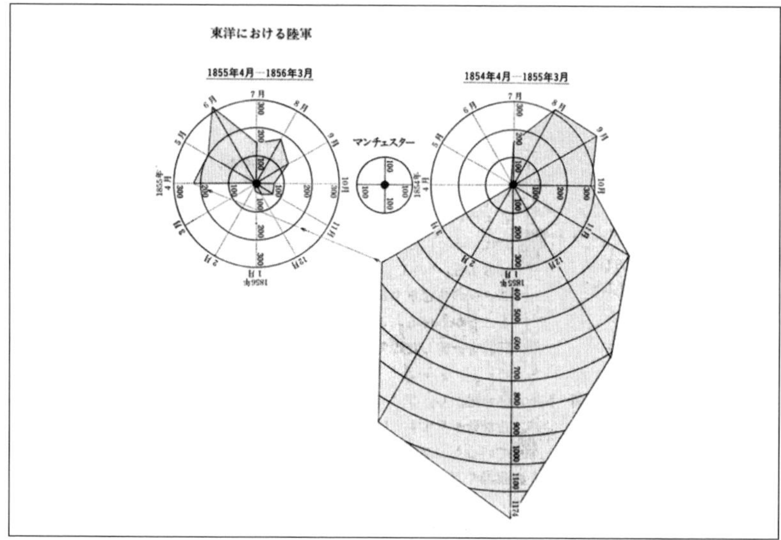

※ナイチンゲール看護研究所「伝説化されたナイチンゲール」(https://nightingale-a.jp/8-faces/#statistician)より。原書は「https://wellcomecollection.org/works/gxtkyqp8/items」(グラフはp.52に掲載)。

なぜ、もうひとつのバージョンがあるのでしょうか。

この『Bat wingチャート』も、『DIAGRAM OF THE CAUSES OF MORTALITY』と同様、月別・死因別の内容がうまく視覚化されています。「レーダーチャートの原型はナイチンゲールが作った」とされていますが、このグラフのことを指していると思います。素晴らしいですね。

ただ、グラフ座標の中心からの距離で「死亡率」が表されているので、視覚的な面積として誤解を生みやすかったようです。

当時は、現在のようなグラフの概念がなかったこともありますが、ナイチンゲールも描きながら考えた、描くことで気付くことがあったのではないかと思います。

ナイチンゲールは、『Bat wingチャート』を作成(1858年)した翌年、「死亡率」を扇形の面積の大小によって表現した『DIAGRAM OF THE CAUSES OF MORTALITY』を発表しています。

『Bat wingチャート』がなければ、『DIAGRAM OF THE CAUSES OF MORTALITY』は生まれなかったのです。ナイチンゲールは試行錯誤の大切さも教えてくれているように思います。

Google Colaboratoryについて

Google Colaboratory(以下、Google Colab)は、Googleが無料で提供するプログラミングのための統合開発環境です。

ブラウザから操作可能なオンラインサービスなので、特別な環境構築もPCへのインストールもいらず、Googleアカウントさえあれば誰でもすぐに無料で利用することができます。

Google Colabの使用準備

Google Colabを使うためには、初回のみ設定を行う必要があります。次の手順に沿って、設定を行ってください。

※すでにGoogle Colabを設定さている場合は、本節は読み飛ばしてもらって構いません。

❶ Googleドライブのページ(下記のリンク先)を開いて、[ドライブを開く]ボタンをクリックします。

URL https://www.google.com/intl/ja_ALL/drive/

❷ Googleアカウントにログインしていない場合は、ログイン画面が表示されるので、メールアドレスを入力し、ログインします。Googleアカウントを持っていない場合は[アカウントを作成]ボタンをクリックし、アカウント作成を行ってください[01]。

❸ ログイン後に表示されるGoogleドライブのページ左上にある[新規]ボタンをクリックします。

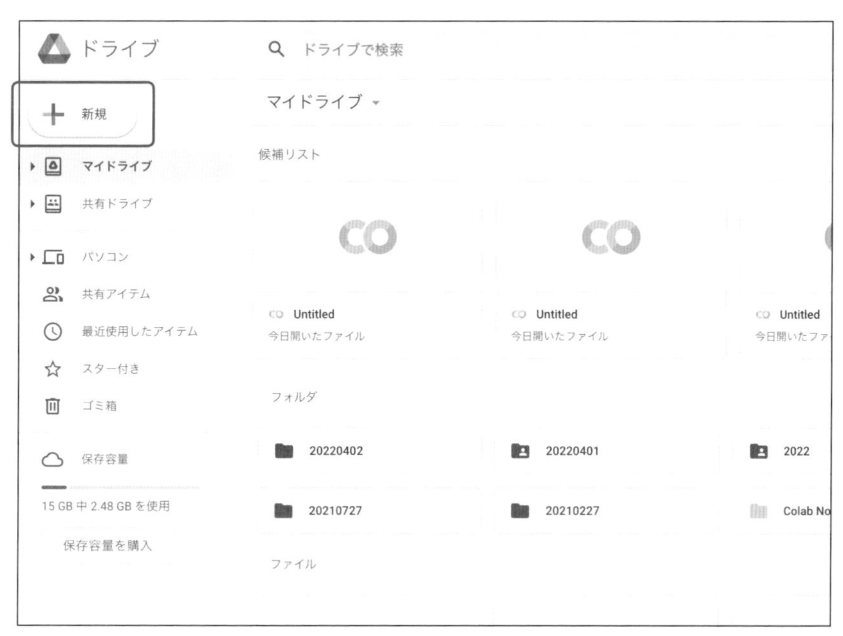

[1]：https://support.google.com/accounts/answer/27441?hl=ja

❹ その後、[その他]→[+アプリを追加]を選択します。

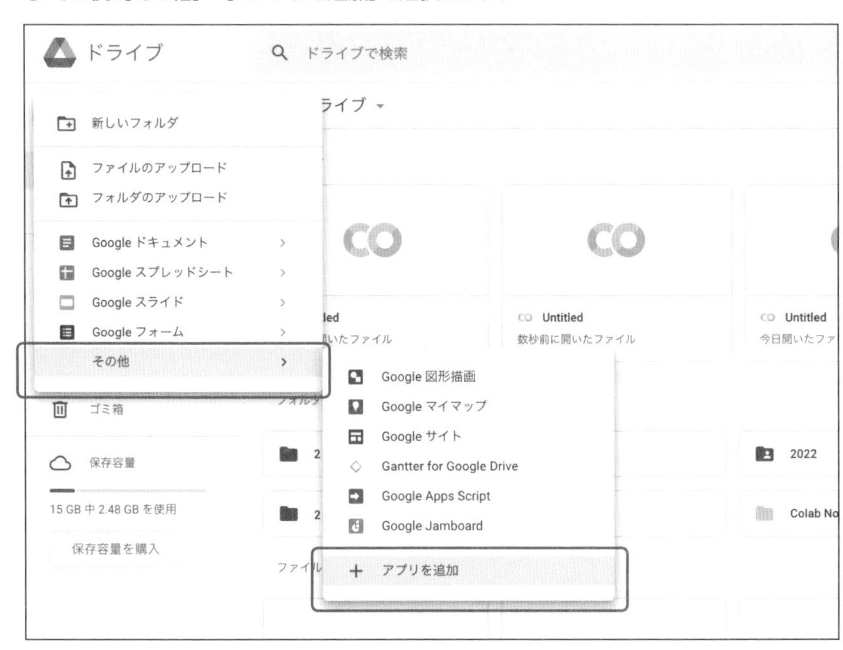

❺ Google Workspace Marketplaceに表示されるアプリケーションの中から「Colaboratry」をクリックします。

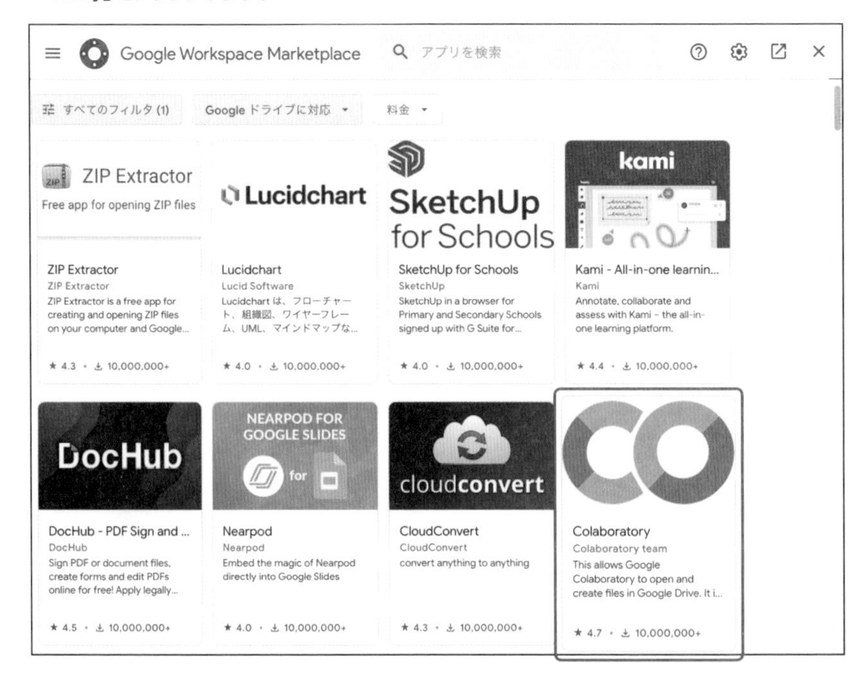

❻ [インストール] ボタンをクリックして、インストールします。その後、画面に従ってアカウントの指定や権限の設定などを行います。

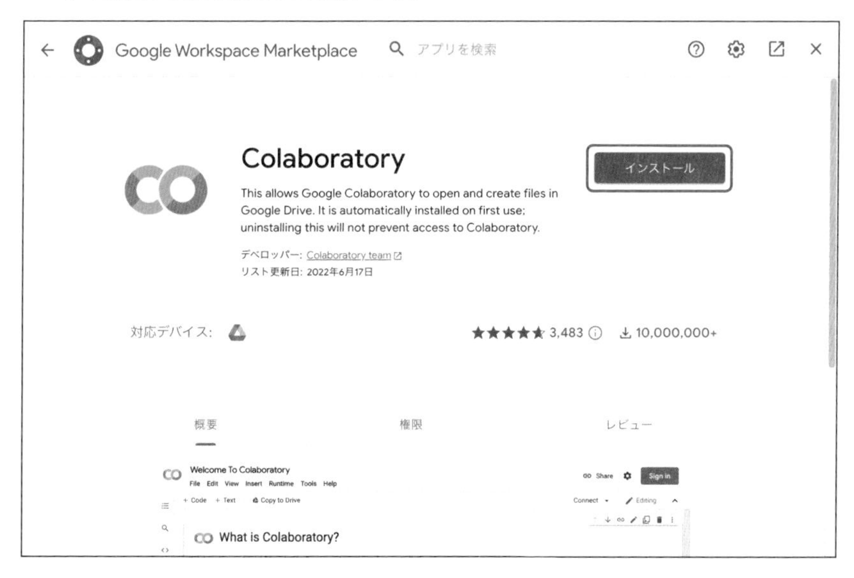

❼ インストールが完了すると、下図のようにメニューに[Google Colaboratory]が表示されます。

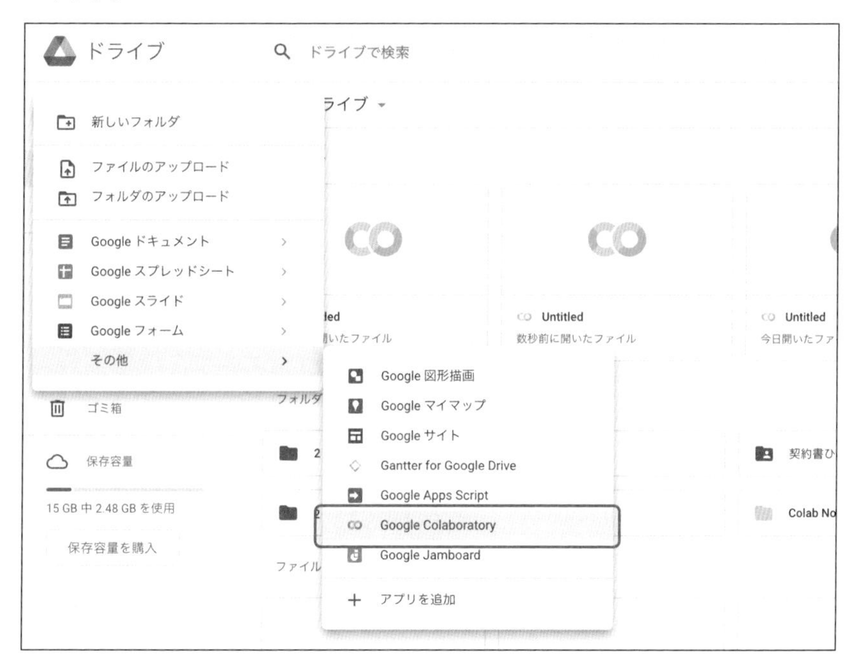

これで、Python実行環境の準備は完了です。

Google Colab起動

では一度、Google Colabを起動してみましょう。

前ページのメニューに表示される[Google Colaboratory]をクリックすると、下図のように`Untitled0.ipynb`という名前のNotebookが開きます。

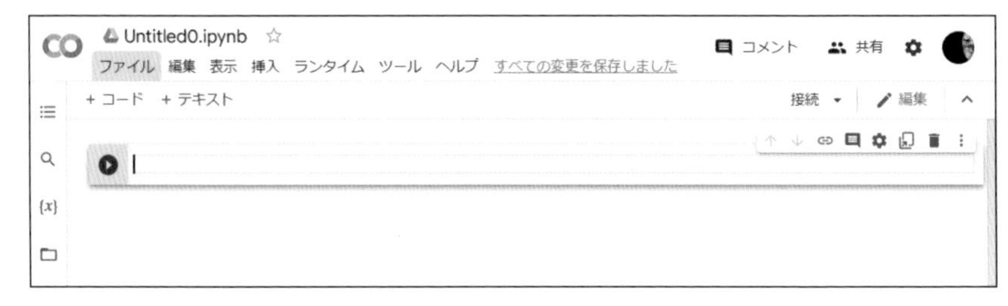

セル中央上あたりにマウスポインターを近づけると下図のようにポップアップが表示されるので、[+テキスト]をクリックします。

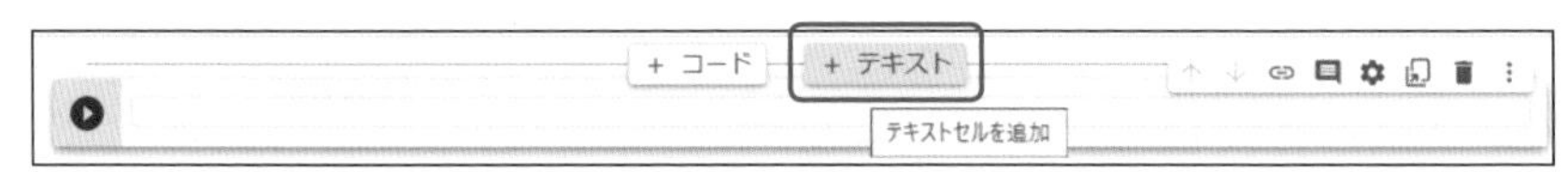

テキストセルが追加されるので、`## テスト`と入力してみます。

次に、下のセルに`print("ゼロからはじめるPython視覚化")`と入力し、▶の実行ボタンをクリックします。すると下図のようにセルの下に「ゼロからはじめるPython視覚化が表示」されます。

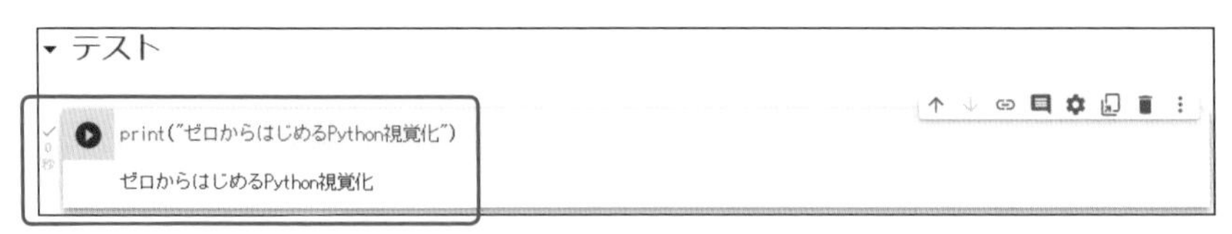

このように、「テキストが入力ができるセル」と「コードが入力できるセル」を任意に配置することができます。

マウスポインターをセル中央上あたりに近づけることでセル上部に表示される[+コード]と[+テキスト]のいずれかをクリックすると、クリックした箇所の上にセルが追加されます。

マウスポインターをセル中央下あたりに近づけることでセル下部に表示される[+コード]と[+テキスト]をクリックした場合は下にセルが追加されます。

画面左上のファンクションメニューの真下にも、[+コード]と[+テキスト]ボタンがあり、これをクリックしたときも下にセルが追加されます。

Google Colabの使用制限について

Google Colabの無料版には次の制限があります。

- 12時間ルール：ノートブック起動から12時間経過でリセットが実行される。
- 90分ルール：90分間アクセスがないとリセットが実行される。

Google Colabで作成したNotebookは、Google Driveに自動保存されます。仮にリセットが実行されても、Google Driveに保存されたデータを再実行すればよいだけです。実用で大きな問題となることはありません。

なお、90分ルールに関しては、PCの自動スリープ機能をオフにし、Google Chromeの「AutoRefresh」というアドオン機能をインストールすれば、ルールに抵触しなくなります。

CHAPTER 01は、ここまでとしたいと思います。

CHAPTER 02

ノーコードではじめるグラフ描画

Google Colaboratoryを使用する準備ができたので、本章では、本書が準備したNotebookを使用し、ノーコードでPythonによるグラフを描くことからはじめます。

「Colaboratory」の語源は、Collaborate+Laboratory（共同ラボ）です。ブラウザで実行できる共同ラボを体感しましょう。

本章で使用するNotebookの種類と内容

本章で使用するNotebookは次の通りです。

Notebook	dataset	データ内容
Pythonで視覚化①.ipynb	Occupancy_detection :binary	部屋の温湿度やCO2と人の存在の時系列データ
Pythonで視覚化②.ipynb	wine :classification	イタリアの同じ地域で栽培された3種類の異なるワインの化学分析の結果に関するデータ
Pythonで視覚化③.ipynb	Titanic(seaborn) :binary	タイタニック号の乗客生死に関する二値データ

Notebookのダウンロード先は5ページを参照してください。

Notebookは、「1.インストール」「2.データセット読込み」「3.視覚化」で構成されています。いずれのNotebookもプログラムを書き込んでいるので、上のセルから順に、選択や入力を行いながら、複数のグラフを描いていきます。

Notebokの違いによって描くグラフは異なりますが、Notebookの項番とその順序はいずれも同じです。共通となるNotebookの構成は、次の通りです。

「1.インストール」のパート

グラフを描くためのライブラリをインストールするパートです。

「2.データセット読込み」のパート

グラフを描くためのデータセットを読み込むパートです。読み込むことができるデータセットは下表の通りです。

データセット名に「regression」とあるのは結果が連続数値の回帰データ、「binary」とあるのは結果が0/1(合格/不合格など)の二値分類データ、「classification」とあるのは3値以上の分類データです。

データセットリスト	説明
Boston_housing :regression	ボストン住宅価格のデータセット
Diabetes :regression	1年後の糖尿病の進行度のデータセット
Breast_cancer :binary	乳がん患者のデータセット
Titanic :binary	タイタニック号乗客の生存状況のデータセット(すべて数値データ)
Titanic(seaborn) :binary	タイタニック号乗客の生存状況のデータセット(カテゴリーを文字表記)
Iris :classification	アヤメの品種のデータセット(3種)
Loan_prediction :binary	ローン予測問題のデータセット
wine :classification	ワインの種類のデータセット(3種)
Occupancy_detection :binary	部屋在室有無のデータセット
Upload	任意のCSVデータを読み込む場合の選択肢(51ページ参照)

「3.視覚化」のパート

さまざまなグラフを描くパートです（本書のNotebookは、すべてノーコードで実行できるようにしています）。

SECTION-004

「Occupancy_detection」データセットのグラフ化〜Pythonで視覚化①

本節で使用するデータセットは、「UCI Machine Learning Repository」[1]で公開されている「Occupancy_detection」データセットです。

「Occupancy_detection」データセットについて

「Occupancy_detection」データセット[2]は、ある部屋の「温度(℃)、相対湿度(%)、明るさ(Lux)、CO2(ppm)、湿度比(kgwater-vapor/kg-air)」と「その時点での人の存在(Ocuupancy)」が1分間隔で記録「date(日時分)」されたデータです。

Notebookの起動と実行

「Pythonで視覚化①.ipynb」ダウンロードし、Notebookを起動します。Notebookのダウンロードについては、5ページを参照してください。

Notebookを起動した後、「1.インストール」の▶をクリックします(インストールが実行されます)。

「2.データセット読み込み」の「Select_Dataset」セルのドロップダウンメニュー(dataset:)で「Occupancy_detection :binary」を選択してから、「Load dataset」セルの▶をクリックします(データセットが読み込まれます)。

▸ 1. インストール

[ ] ↳ 2 個のセルが非表示

▾ 2. データセット読込み

▸ Select_Dataset

▶ 注意：かならず 実行する前に 設定してください。

dataset: Occupancy_detection :binary

コードの表示

▸ Load dataset

▶ コードの表示

データセットを読み込むと、次ページの図の内容が表示されます。

[1]：https://archive.ics.uci.edu/ml/index.php
[2]：http://archive.ics.uci.edu/ml/datasets/Occupancy+Detection+

```
<class 'pandas.core.frame.DataFrame'>
RangeIndex: 2665 entries, 0 to 2664
Data columns (total 7 columns):
 #   Column         Non-Null Count  Dtype
---  ------         --------------  -----
 0   date           2665 non-null   datetime64[ns]
 1   Temperature    2665 non-null   float64
 2   Humidity       2665 non-null   float64
 3   Light          2665 non-null   float64
 4   CO2            2665 non-null   float64
 5   HumidityRatio  2665 non-null   float64
 6   Occupancy      2665 non-null   object
dtypes: datetime64[ns](1), float64(5), object(1)
memory usage: 145.9+ KB
```

	date	Temperature	Humidity	Light	CO2	HumidityRatio	Occupancy
0	2015-02-02 14:19:00	23.7000	26.272	585.200000	749.200000	0.004764	yes
1	2015-02-02 14:19:00	23.7180	26.290	578.400000	760.400000	0.004773	yes
2	2015-02-02 14:21:00	23.7300	26.230	572.666667	769.666667	0.004765	yes
3	2015-02-02 14:22:00	23.7225	26.125	493.750000	774.750000	0.004744	yes
4	2015-02-02 14:23:00	23.7540	26.200	488.600000	779.000000	0.004767	yes

上段の表示内容は、「Occupancy_detection」データの概要です。

Columnはデータ項目です。「date」「Temperature」「Humidity」「Light」「CO2」「HumidityRatio」「Occupancy」の7項目です。**Non-Null Count**は欠損のない数=データ数です。すべての項目の数が2665となっているので欠損データはありません。**Dtype**はデータの型です。「date」は「datetime64」型、「Occupancy」は「object」型（文字）、その他の項目は「float64」型（浮動小数点数）となっています。

下段の表示内容は、先頭5行データです。

上下段の内容から、「Occupancy_detection」は、ある部屋の「温·湿度、明るさ、CO2など」と「人の存在（Ocuupancy）」が時系列に記録されたデータであることがわかります。

データの傾向や特徴は、全体を見ることでつかみやすくなるので、まず最初にデータ全体を視覚化してみましょう。

「Pairplot_classification」セルの▶をクリックしてください。

```
▸ Pairplot_classification

▶     コードの表示
```

次ページのグラフが表示されます。

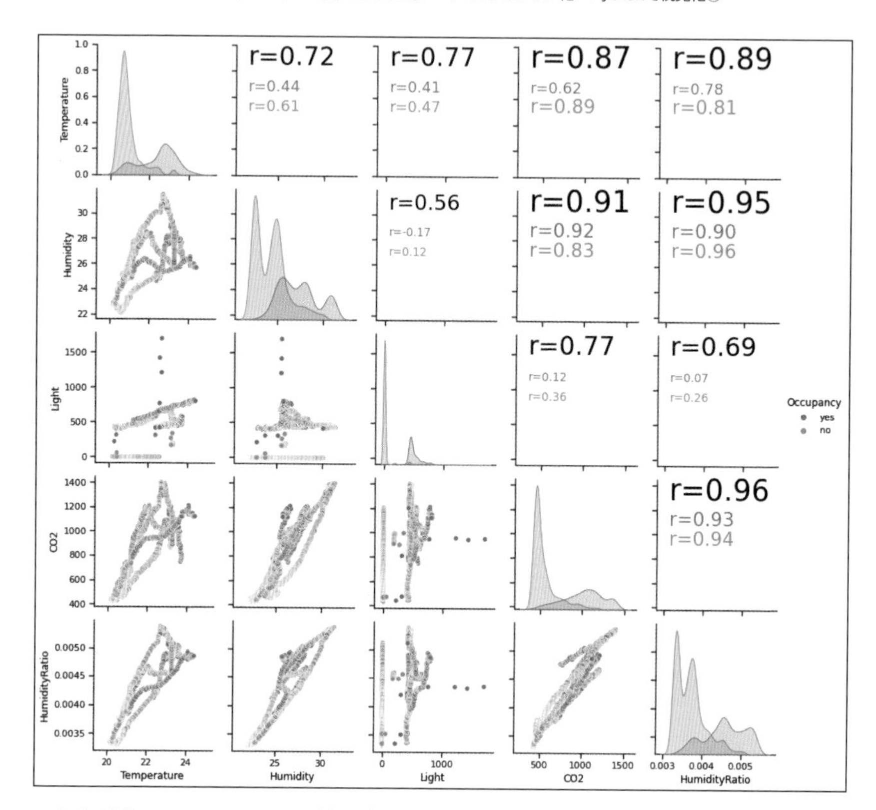

これは「seaborn-analyzer」というライブラリで描いた**pairplot**と呼ばれるグラフです。pairplotは、日本語で**多変量連関図**と呼ばれています。かつては一部の統計ソフトウェアでしか描けなかったので、Pythonで実行できるのはとてもありがたいことです。

在室有無（Occupancy）が「青」と「オレンジ」で色分けされた上、各データ項目の分布、データ項目間の散布図や相関係数（r）がとてもわかりやすく示されています（相関係数は高いほど大きい文字サイズで表示）。

このpairplotからは、次の状況を読み取ることができます。

- 部屋に人が存在する場合（Occupancy=yes）、「Temperature・Humidity（温湿度）」「Light（明るさ）」「CO2」などの値は大きくなる傾向にある（5つの対角の分布より）。
- 「Light（明るさ）」は、「人の存在（Occupancy）」の有無（yes/no）で分布が明確に分かれている（中央のグラフより）。

▶データ項目の指定は入力よりもコピーアンドペーストが確実

本書のNotebookは、**「データ項目一覧」**（次ページの図参照）というセルを設けています。各グラフ描画におけるデータ項目名の入力は、データ項目一覧セル実行後に表示された項目名をコピーし、ペーストするのが確実です。

▸ **データ項目一覧**

※データ項目一覧を表示します。以後のデータ項目の入力は、表示された項目をコピーアンドペーストすると確実です。

コードの表示

```
データ項目名: ['date' 'Temperature' 'Humidity' 'Light' 'CO2' 'HumidityRatio' 'Occupancy']
```


手入力される場合は、`L`と`l`、`J`と`j`、`K`と`k`などの大文字と小文字や、`０`（全角のゼロ）と`0`（半角のゼロ）、`O`（英大文字のオー）など、よく確認してください。

▶ヒストグラム

「人の存在(Occupancy)」は「Light(部屋の明るさ)」に強く依存しているようなので、「Light(明るさ)」のヒストグラムを描き、詳しく見てみることにします。Notebookの「Histgram_pandas(matplotlib)」というセルの「Column_name:」にヒストグラムを描くデータ項目`'Light'`を入力し、セルの▶をクリックすると、下図のように表示されます。

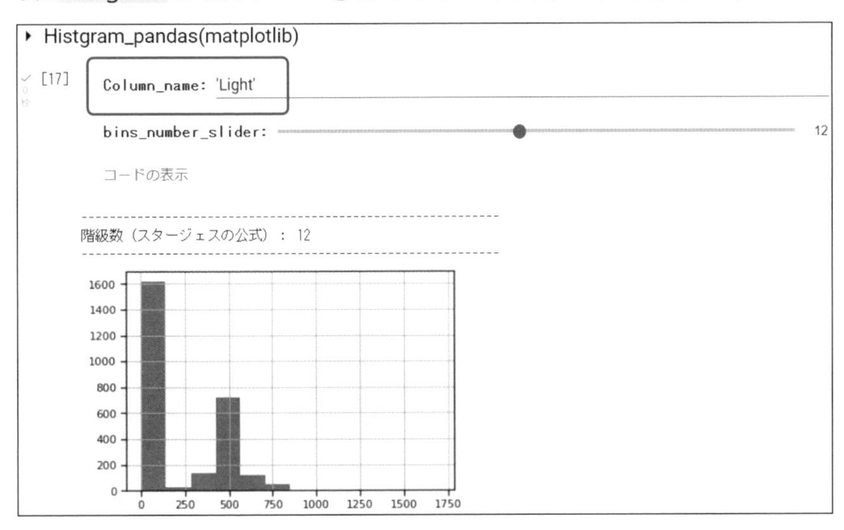

これは、「pandas」というライブラリで描いたものです。

ヒストグラムの階級数は「bins_number_slider」により任意に変更することができます。「スタージェスの公式」というヒストグラムの階級数(柱の数)を求める公式があり、ここではヒストグラムとともに公式による計算値を表示させています。上記では、「bins_number_slider」の設定を公式による計算値である`12`として、ヒストグラムを描いています。

このヒストグラムから、「データ傾向が2山となっている」ことがわかりますが、「人の存在有無(Occupancy=yes/no)」の違いによるものかなどはわからないので、次に「人の存在有無(Occupancy)」を分けて描いてみることにします。

Notebookの「Histogram for each target variable_pandas(matplotlib)」というセルの「Column_name:」に`'Light'`、「Target_column_name:」に`'Occupancy'`を入力し、セルの▶をクリックすると、次ページの図のように表示されます。

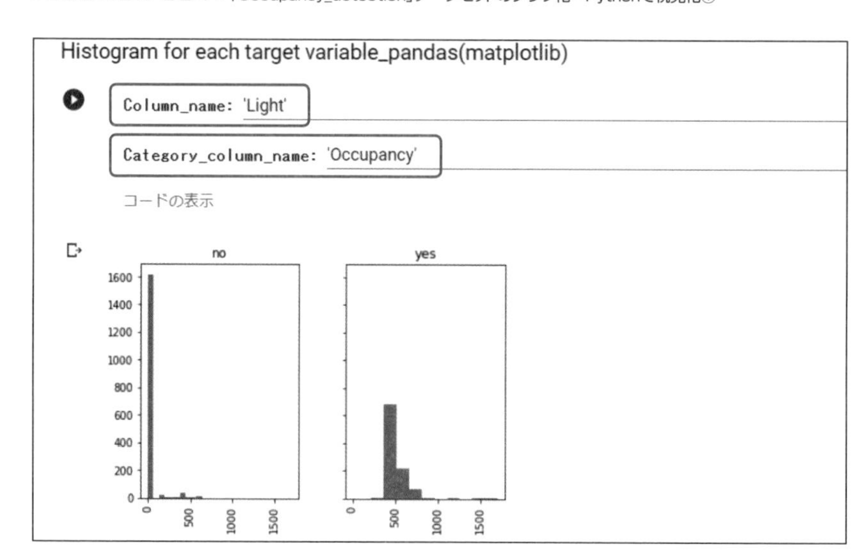

「人の存在有無(Occupancy)」それぞれ(yes/no)で表示することができました。

同じグラフですが「plotnine」[3]という視覚化ライブラリでも描いてみたいと思います。

Notebookの「Histogram for each target variable_plotnine」というセルの「Column_name:」に `'Light'` 、「Target_column_name:」に `'Occupancy'` を入力し、セルの▶をクリックすると、下図のように表示されます。

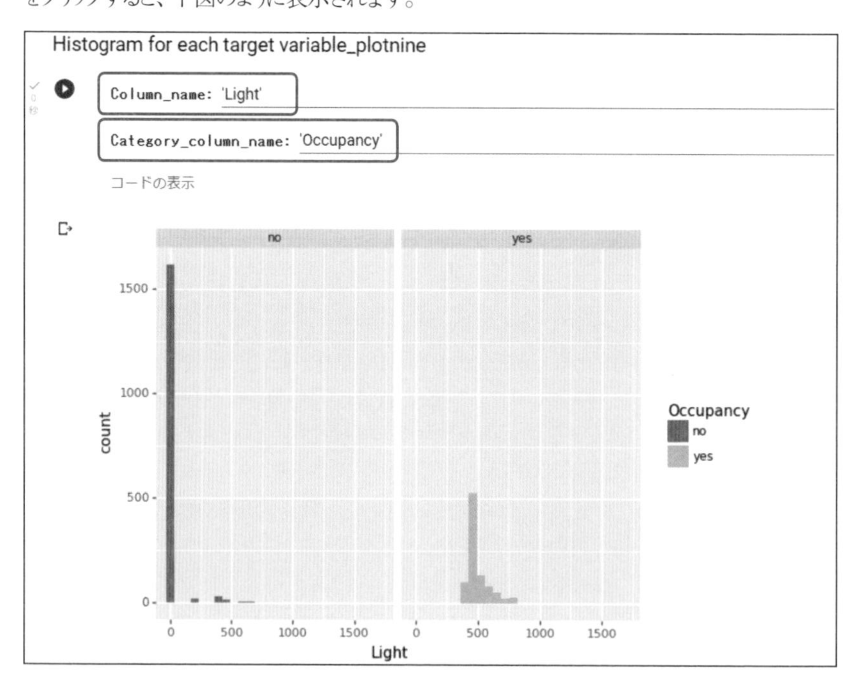

[3]：plotnineは、Rでポピュラーな視覚化ライブラリ「ggplot2」のPython版です。

すっきりと視覚化できました。

「plotnine」は、重ね合わせヒストグラムも描けるので、実行してみます。

Notebookの「Stratified histogram by category_plotnine」というセルの「Column_name:」にヒストグラムを描くデータ項目 `'Light'` 、「Category_column_name:」に横に並べて比較したい要素のデータ項目 `'Occupancy'` を入力し、セルの▶をクリックすると、下図のように表示されます。「bins_number_slider」は、15 としています。

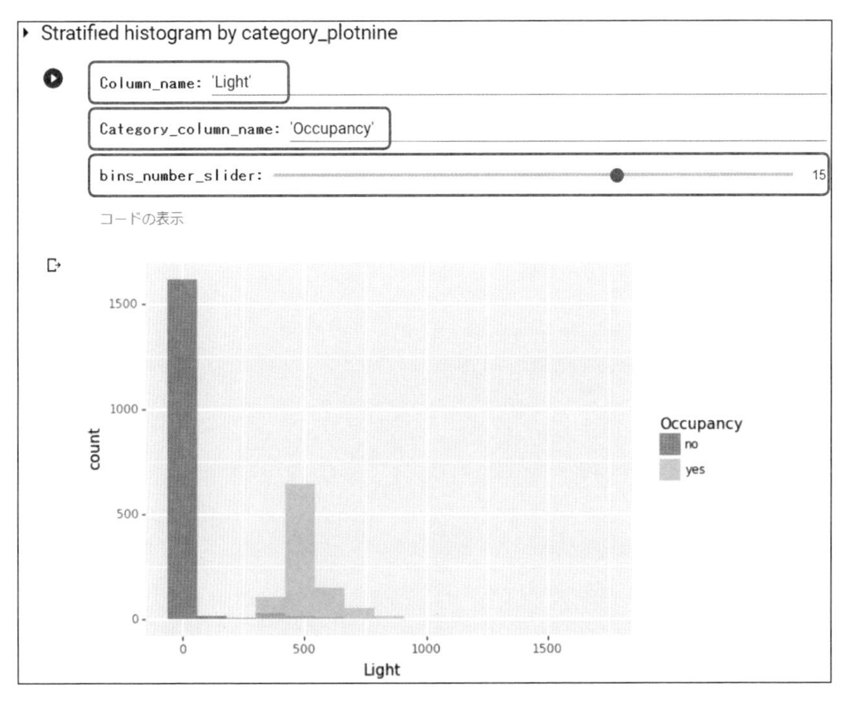

このケースでは、この視覚化が一番わかりやすいと思います。
「人の存在有無(Occupancy)」が「no」(存在しない)のときは「Light(明るさ)」はほぼ0で、「yes」(存在する)のときは「Light(明るさ)」は500前後の分布となっています。

ほぼ「Light(明るさ)」だけで「人の存在有無(Occupancy)」は区分されていますが、「Light(明るさ)」が500前後のときであっても、わずかに人が存在しないケースが見られます。

このように、同じヒストグラムであっても、どのように描くかによって理解に差が生じることがわかります。

▶折れ線グラフ

次に折れ線グラフを描きたいと思います。

この「Occupancy_detection」は、時系列データ「date（日時分）」を含んだデータセットとなっているので、「date（日時分）」に対する傾向を見てみます。

Notebookの「Line-plot_pandas（matplotlib）」というセルの「X_column_name:」に `'date'` を入力し、セルの▶をクリックすると、下図のようにが表示されます。

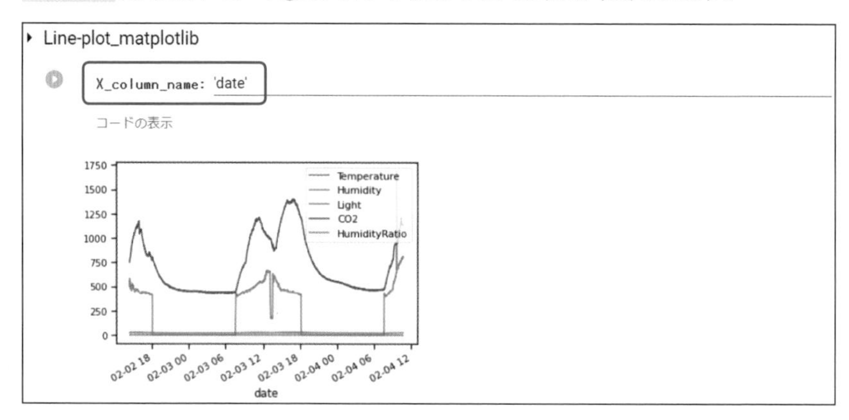

これは、「pandas」というライブラリで描いたものです。

「Light（明るさ）」と「CO2」は、相関が高いこともあり、傾向が同期していることがわかります。

ただ、データ項目により数値レンジの大きさが異なっていることから、「Light（明るさ）」と「CO2」以外のデータ傾向を確認することができないので、次はデータ項目別にグラフを描いてみます。

Notebookの「Line-plot（subplot）_pandas（matplotlib）」というセルの「X_column_name:」に `'date'` を入力し、セルの▶をクリックすると、下図のようにが表示されます。

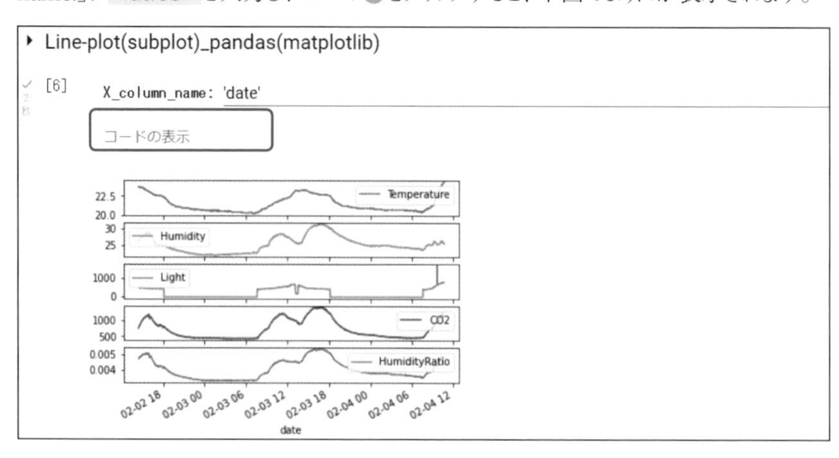

「Light（明るさ）」と「CO2」だけではなく、すべてのデータ項目の傾向が同期していることがとてもよくわかるようになりました。

このような時系列データの場合、「データに特異点があるか?」やそのときの値や日時を把握したいときがあります。

Pythonには、マウス操作で表示範囲を絞ったり、打点にマウスポインタを当てることで数値を表示させるなど、インタラクティブ操作が可能なグラフを描くことができるライブラリがあるので、それでもグラフを描いてみます。

Notebookの「Line-plot with rangetool_pandas-bokeh」というセルの「X_column_name:」に `'date'` を入力し、セルの●をクリックすると、下図のように表示されます。

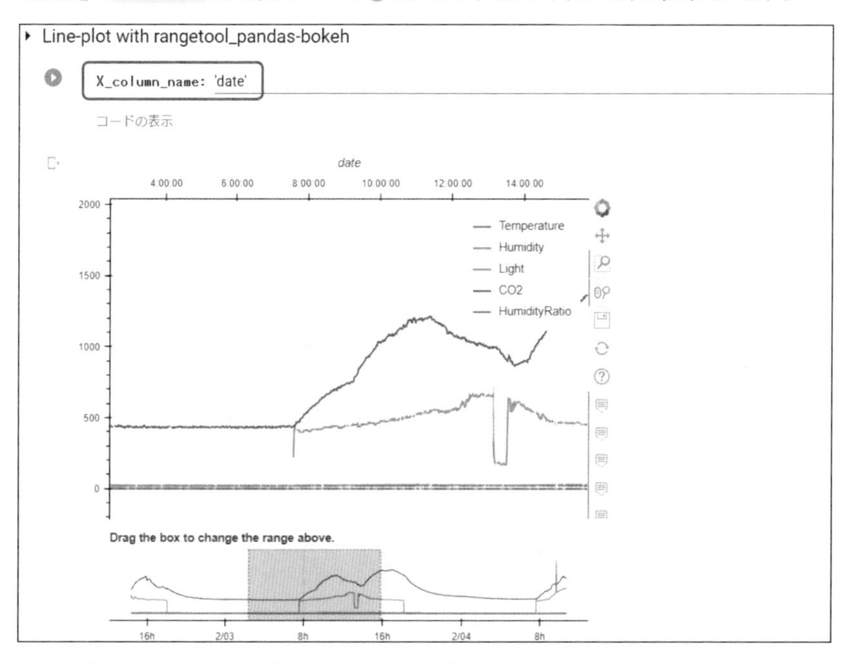

これは、「pandas-bokeh」というライブラリで描いたものです。

次ページの図のように、「Light（明るさ）」が立ち上がっている箇所にマウスを近づけるとデータ数値が表示されます。

01
02
ノーコードではじめるグラフ描画
03
04
05
06
A

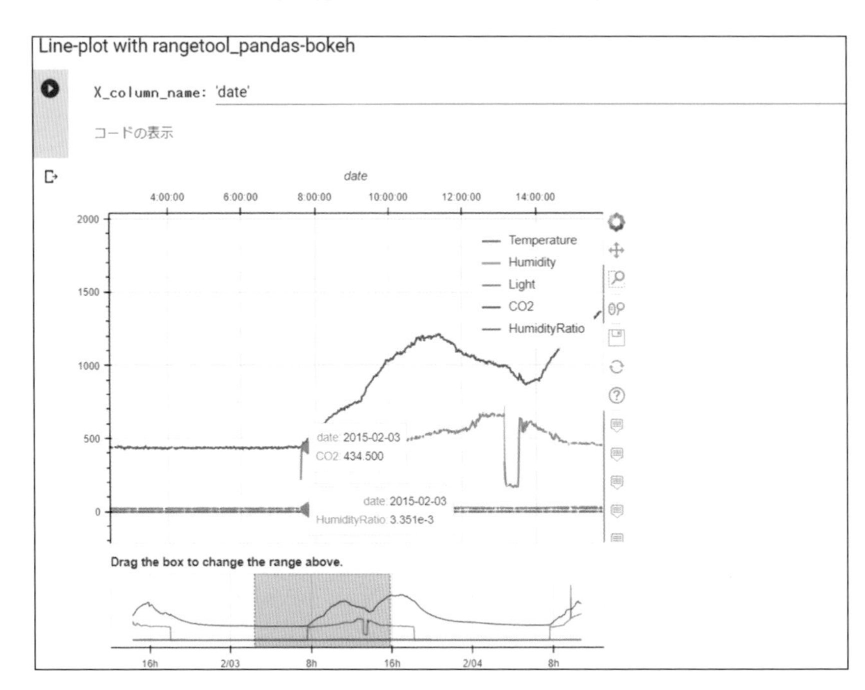

また、凡例のデータ項目(「Temperature」や「Humidity」など)をクリックすると、グラフの表示/非表示を切り替えることができます。

下図は、凡例を「Light(明るさ)」のみに絞った場合の表示です。

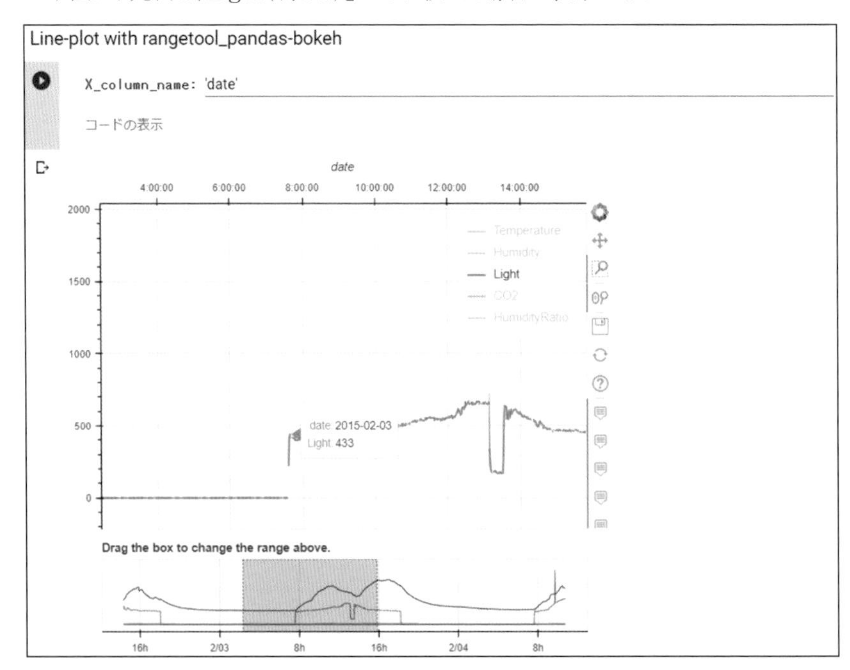

このグラフから「2015-02-03」の8時前に「Light（明るさ）」の値が0から急激に433に立ち上がっていることがわかります。

メイングラフの下にあるサブグラフのグレー箇所にマウスをおき、ドラッグしながら左右にスライドすると、「date（日時）」を走査しながらデータ推移を確認することができます。

さらに、グラフをズームすることもできるので、表示されたレンジのままでは変化が確認できない「Temperature（温度）」や「Humidity（湿度）」の確認も可能になります。これはとても便利です。

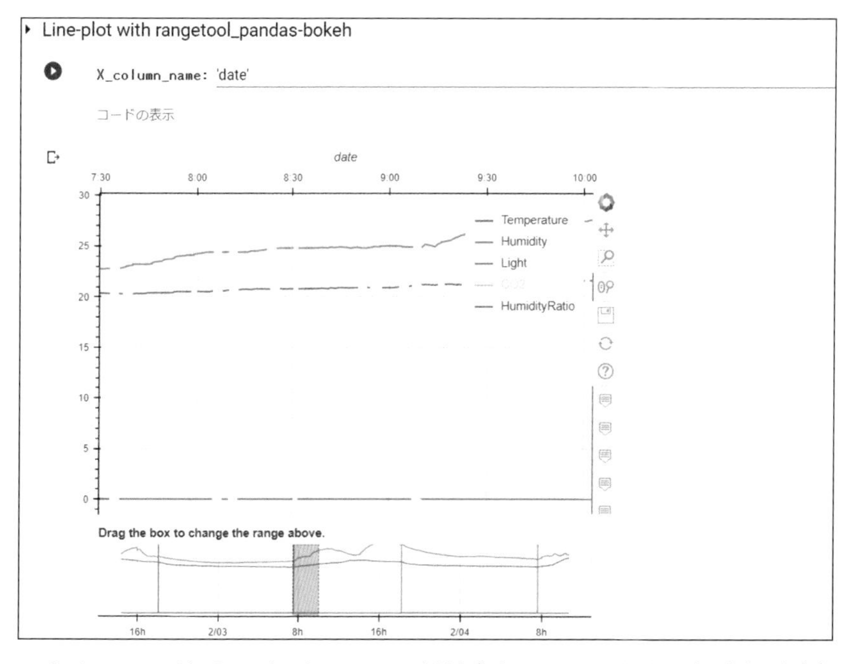

インタラクティブなグラフは、チームでのやり取りもインタラクティブにしてくれます。たとえば、次のような感じでしょうか。

Aさん　（走査されたグラフを見ながら）ソコに特異点があるね。何日?
Bさん　（マウスポインタを当てて）2015-02-03の……8時前ごろですね。
Aさん　きっと出勤して電気つけたんですね。
Bさん　温湿度の上がり方は緩やかだけど、CO2はすごく変わるんだね。
Aさん　うん。その部屋に2時間以上いるときは換気したほうがいいのかも。

SECTION-005

「wine」データセットのグラフ化 ～Pythonで視覚化②

本節で使用するデータセットは、scikit-leanという機械学習ライブラリで用意されている「wine」データセットです。

Ⅲ「wine」データセットについて

「wine」データセットは、イタリアの同じ地域で栽培された3種類の異なるワインの化学分析の結果です。「ワインの種類(3種類)」と「アルコール度数や各種成分、色の濃さなど」の13個のデータ項目で構成されています。

データ項目は次の通りです(データ項目は英字です。ここではイメージしやすくするために日本語を併記しています)。

- データ項目(特徴量)
  - alcohol(アルコール度数)
  - malic_acid(リンゴ酸)
  - ash(灰分)
  - alcalinity_of_ash(灰分のアルカリ度)
  - magnesium(マグネシウム)
  - total_phenols(全フェノール含量)
  - flavanoids(フラバノイド)
  - nonflavanoid_phenols(非フラバノイドフェノール)
  - proanthocyanins(プロアントシアニン)
  - color_intensity(色の濃さ)
  - hue(色相)
  - od280/od315_of_diluted_wines(280nmと315nmの吸光度の比)
  - proline(プロリン)
- ターゲット
  - 3種類のワイン(class_0、class_1、class_2)

Ⅲ Notebookの起動と実行

「Pythonで視覚化②.ipynb」をダウンロードし、Notebookを起動します。Notebookのダウンロードについては、5ページを参照してください。

Notebookを起動した後、「1.インストール」の▶をクリックしてます(インストールが実行されます)。

「2.データセット読込み」の「Select_Dataset」セルのドロップダウンメニュー(dataset:)で「wine :classification」を選択してから、「Load dataset」セルの▶をクリックします(データセットが読み込まれます)。

データセットを読み込むと、下図のように表示されます。

```
<class 'pandas.core.frame.DataFrame'>
RangeIndex: 178 entries, 0 to 177
Data columns (total 14 columns):
 #   Column                        Non-Null Count  Dtype
---  ------                        --------------  -----
 0   alcohol                       178 non-null    float64
 1   malic_acid                    178 non-null    float64
 2   ash                           178 non-null    float64
 3   alcalinity_of_ash             178 non-null    float64
 4   magnesium                     178 non-null    float64
 5   total_phenols                 178 non-null    float64
 6   flavanoids                    178 non-null    float64
 7   nonflavanoid_phenols          178 non-null    float64
 8   proanthocyanins               178 non-null    float64
 9   color_intensity               178 non-null    float64
 10  hue                           178 non-null    float64
 11  od280/od315_of_diluted_wines  178 non-null    float64
 12  proline                       178 non-null    float64
 13  target                        178 non-null    object
dtypes: float64(13), object(1)
memory usage: 19.6+ KB
```

	alcohol	malic_acid	ash	alcalinity_of_ash	magnesium	total_phenols	flavanoids	nonflavanoid_phenols	proanthocyanins
0	14.23	1.71	2.43	15.6	127.0	2.80	3.06	0.28	2.29
1	13.20	1.78	2.14	11.2	100.0	2.65	2.76	0.26	1.28
2	13.16	2.36	2.67	18.6	101.0	2.80	3.24	0.30	2.81
3	14.37	1.95	2.50	16.8	113.0	3.85	3.49	0.24	2.18
4	13.24	2.59	2.87	21.0	118.0	2.80	2.69	0.39	1.82

上段の表示内容は、「wine :classification」データセットの概要です。

Columnはデータ項目です。「alcohol」「malic_acid」「ash」「alcalinity_of_ash」「magnesium」「total_phenols」「flavanoids」「nonflavanoid_phenols」「proanthocyanins」「color_intensity」「hue」「od280/od315_of_diluted_wines」「proline」「target」の14項目です。**Non-Null Count**は欠損のない数=データ数です。すべての項目の数が178となっているので欠損データはないことがわかります。**Dtype**はデータの型です。「target」のみ「object」（文字）となっており、その他の項目は「float64」（浮動小数点数）となっています。

下段の表示内容は、先頭5行データです。キャプチャ画面は表示が途中で切れているので、先頭5行データは下図を確認してください。

	alcohol	malic_ acid	ash	alcalinity_ of_ash	magnesium	total_ phenols	flavanoids	nonflavanoid_ phenols	proantho cyanins	color_ intensity	hue	od280/od315_of_ diluted_wines	proline	target
0	14.23	1.71	2.43	15.60	127.00	2.80	3.06	0.28	2.29	5.64	1.04	3.92	1065.00	class_0
1	13.20	1.78	2.14	11.20	100.00	2.65	2.76	0.26	1.28	4.38	1.05	3.40	1050.00	class_0
2	13.16	2.36	2.67	18.60	101.00	2.80	3.24	0.30	2.81	5.68	1.03	3.17	1185.00	class_0
3	14.37	1.95	2.50	16.80	113.00	3.85	3.49	0.24	2.18	7.80	0.86	3.45	1480.00	class_0
4	13.24	2.59	2.87	21.00	118.00	2.80	2.69	0.39	1.82	4.32	1.04	2.93	735.00	class_0

先ほどと同様に、まずはデータ全体を視覚化してみましょう。
「Pairplot_classification」セルの▶をクリックします。

▸ Pairplot_classification

▶ コードの表示

下図のグラフが表示されます。

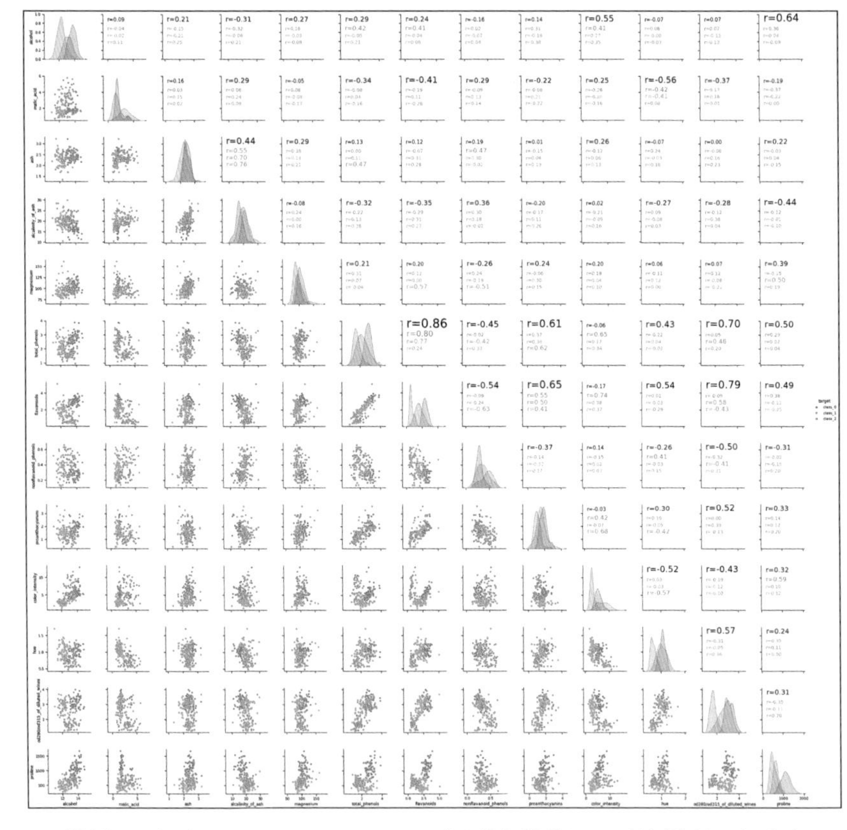

3種類のワイン(class_0、class_1、class_2)が「青」と「オレンジ」と「緑」で色分けされた上、各データ項目の分布、データ項目間の散布図や相関係数(r)がとてもわかりやすく示されています(相関係数が高いほど、文字サイズが大きくなっています)。

このpairplotから次の状況を読み取ることができます。

- 分布を確認する限り、いずれのワイン成分も1つのデータ項目で3種類のワインを区分するのは難しいが、「alcohol(アルコール度数)」の分布は3種類のワインの違いがわずかに見える(左上のグラフより)。
- すべての散布図の内、「alcohol(アルコール度数)」と「od280/od315_of_diluted_wines(280nmと315nmの吸光度の比)」の分布に、最も3種類のワインの違いが表れている(一番左の列の下から2つ目のグラフより)。

▶重ね合わせヒストグラム

このデータの場合、3種類のワインの違いを表現しているデータの存在やデータ項目間の関係をつかむことに意味があるので、まず「alcohol(アルコール度数)」の分布から見てみることにします。

Notebookの「Stratified histogram by category_plotnine」というセルの「Column_name:」にヒストグラムを描くデータ項目 `'alcohol'` 、「Category_column_name:」に重ね合わせたい要素のデータ項目 `'target'` を入力し、セルの▶をクリックすると、下図のように表示されます。

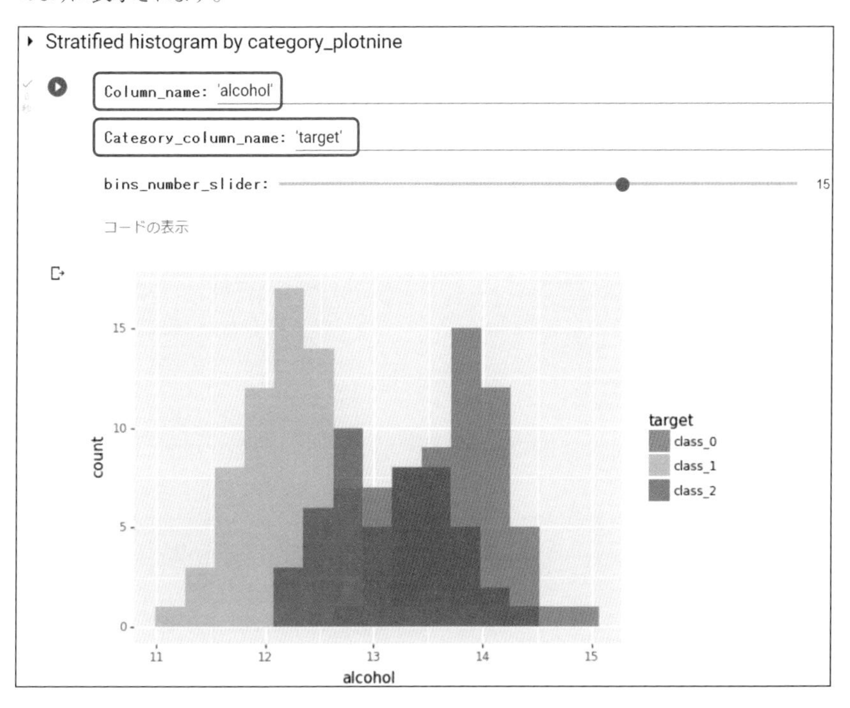

これは「plotnine」というライブラリで描いたものです。

▶箱ひげ図

複数の分布を比較する場合、数が多いほど、箱ひげ図で見た方がわかりやすくなるので、箱ひげ図でも見てみたいと思います。

Notebookの「Stratified box-plot by category_seaborn」というセルの「Column_name:」にヒストグラムを描くデータ項目 `'alcohol'` 、「Category_column_name:」に `'target'` を入力し、セルの▶をクリックすると、次ページの図のように表示されます。

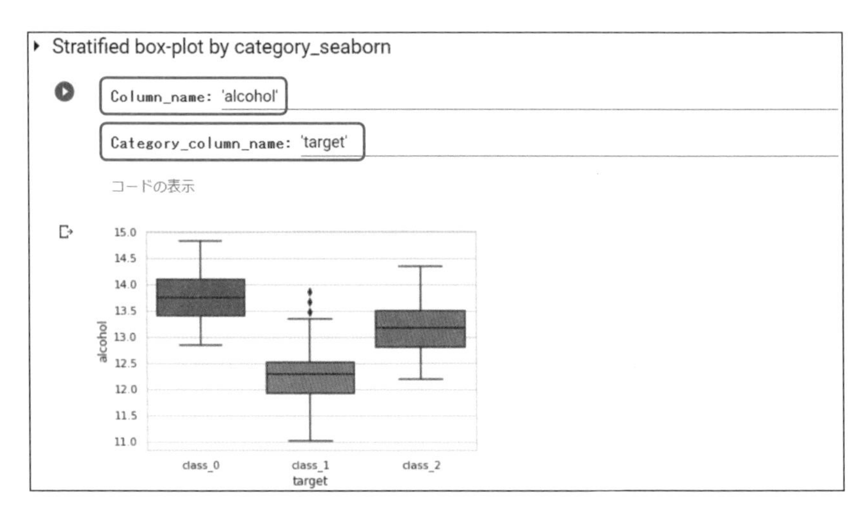

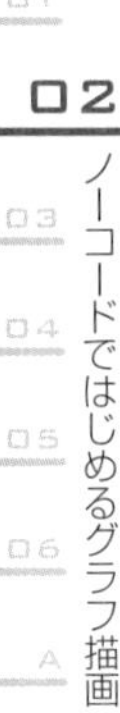

これは「seaborn」というライブラリで描いたものです。

「alcoho（アルコール度数）」が12を下回っていればclass_1（緑）、13～14のときはclass_2（紺）、14を上回っていればclass_0（赤）のワインの可能性が高いといえます。

ただ、分布の重なりも多く、「alcoho（アルコール度数）」の値だけで説明するのは、少し無理があります。

▶散布図

そこで、「alcohol:アルコール度数」と「od280/od315_of_diluted_wines:280nmと315nmの吸光度の比」の関係を詳しく見てみることにします。

Notebookの「Scatter-plot_pandas（matplotlib）」というセルの「X_column_name:」に`'alcohol'`を、「y_column_name:」に`'od280/od315_of_diluted_wines'`入力し、セルの▶をクリックすると、下図のように表示されます。

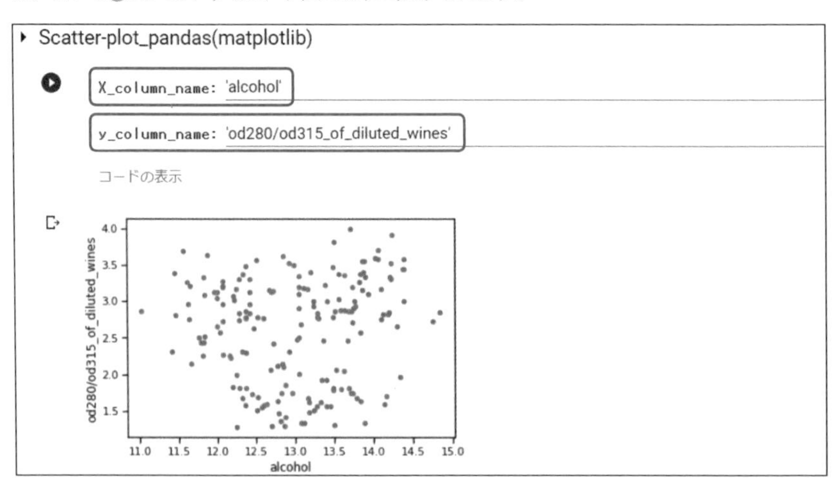

これは「pandas」というライブラリで描いたものです。

単純に2変数間の関係を見る場合はこの散布図でよいと思いますが、ワインの種類の違いがわからないと、『「alcohol（アルコール度数）」と「od280/od315_of_diluted_wines（280nmと315nmの吸光度の比）」に相関関係はない』と切り捨ててしまうかもしれないので、次は見方を変えてみます。

Notebookの「Scatter-plot_seaborn」というセルの「X_column_name:」に `'alcohol'` を、「y_column_name:」に `'od280/od315_of_diluted_wines'` を入力し、セルの▶をクリックすると、下図のように表示されます。

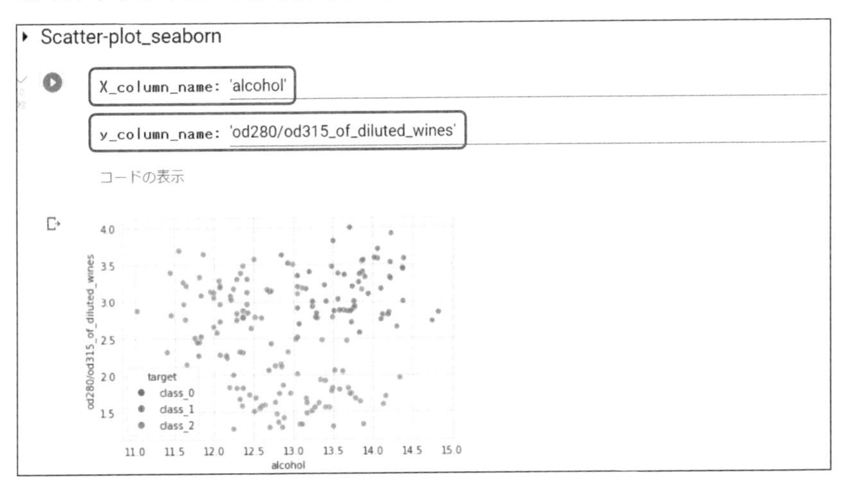

これは「seaborn」というライブラリで描いたものです。

ワインの種類の違いがよくわかるようになりました。マトリクスで表現すると、おおよそ次のように区分できます。

	アルコール度数：低	アルコール度数：中	アルコール度数：高
吸光度比：高	class_1	—	class_0
吸光度比：中	class_1	—	—
吸光度比：低	—	class_2	—

また、この「視覚化」によって、次のような気付きを得ることもできます。

- 「alcohol（アルコール度数）」と「od280/od315_of_diluted_wines（280nmと315nmの吸光度の比）」には何ら関係がないように見えていたが、これは傾向の異なる3つの分布が重なった状態であったからだ。

では、次に「ワインの種類」ごとの散布図を並べてみてみます。

Notebookの「Scatter-plot for each target variable with linear regression_plot nine」というセルの「X_column_name:」に `'alcohol'`、「y_column_name:」に `'od280/od315_of_diluted_wines'`、「Stratified_column_name:」に `'target'` を入力し、セルの▶をクリックすると、次ページの図のように表示されます。

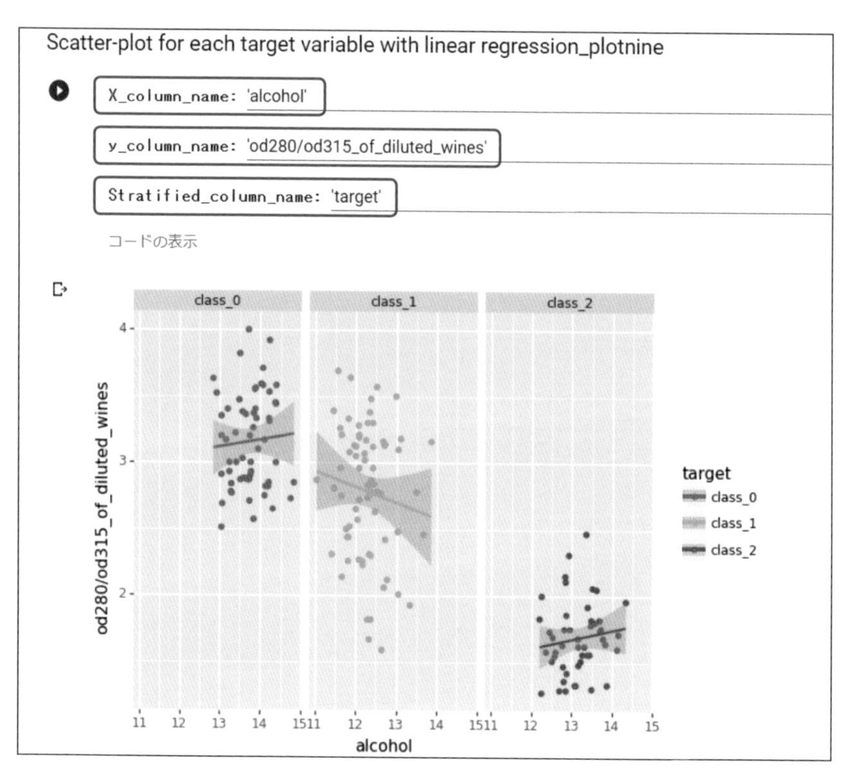

これは「plotnine」というライブラリで描いたものです。

これを見ると、「class_1」のワインのみ、「alcohol（アルコール度数）」が高いほど「d280/od315_of_diluted_wines（280nmと315nmの吸光度の比）」が低下する傾向にあることがわかります。「class_1」のワインは「d280/od315_of_diluted_wines（280nmと315nmの吸光度の比）」のバラツキが大きいので、一概にはいえないところもありますが、このように見方を変えるだけで、別の気付きが得られる可能性があります。

現実は「運用しながら取得できるのはこれらのデータだけ」ということもありますが、このような場合も（少ないからと）**あきらめずに見せ方を変えてみることが重要**になります。

▶Joint-plot

視覚化ライブラリ「seaborn」では、散布図とヒストグラムを組み合わせたJoint-plotを描くことができます。

Notebookの「Joint-plot_seaborn」というセルの「X_column_name:」に `'alcohol'` を、「y_column_name:」に `'od280/od315_of_diluted_wines'` を入力し、セルの▶をクリックすると、次ページの図のように表示されます。

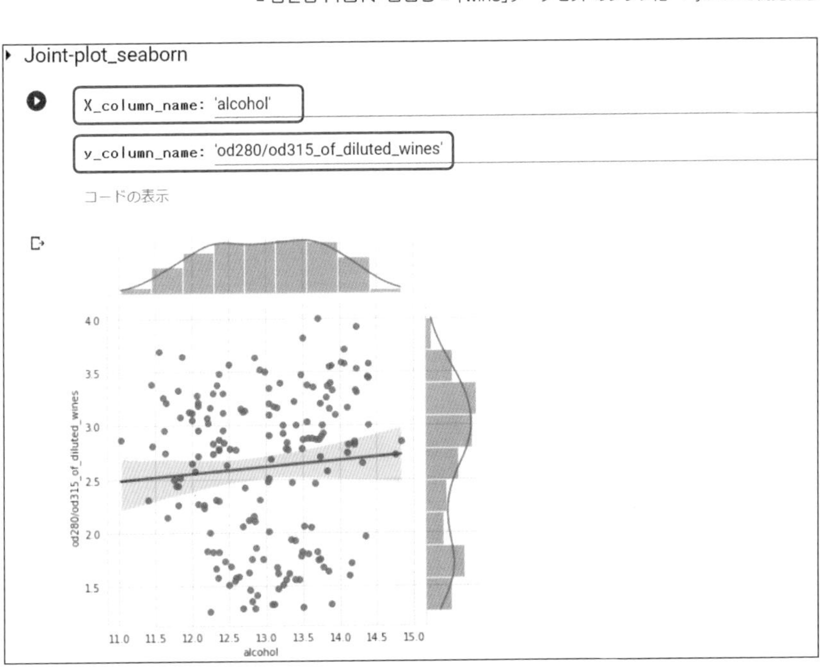

Joint-plotは、2変数の各分布が重なった結果として散布図をとらえることができます。1つ前の散布図で「ワインの種類」の違いが影響していることを確認しましたが、このJoint-plotを「ワインの種類」はわからないとして見た場合、次のような気付きにつなげることができます。

- **「alcohol(アルコール度数)」は一様分布に近く、「od280/od315_of_diluted_wines(280nmと315nmの吸光度の比)」は2山傾向がみられる。散布図だけを見れば、2変数に関連はなさそうに見えるが、2山傾向が区分できれば、別の傾向が見えるかもしれない。**

このNotebookで実行した「視覚化」のなかで、最もワインの種類の違いが表現できているのは、2つ目の散布図です。おおよそワインの違いを区分することはできていますが、各classで重なり合ったプロットの値が気になるので、最後にグラフ上のプロットにマウスポインタを当てることで数値確認ができるグラフを描いてみたいと思います。

Notebookの「Stratified scatter-plot by target_pandas-bokeh」というセルの「X_column_name:」に`'alcohol'`、「y_column_name:」に`'od280/od315_of_diluted_wines'`、「Stratified_column_name:」に層別したい要素のデータ項目`'target'`を入力し、セルの▶をクリックすると、次ページの図のように表示されます。

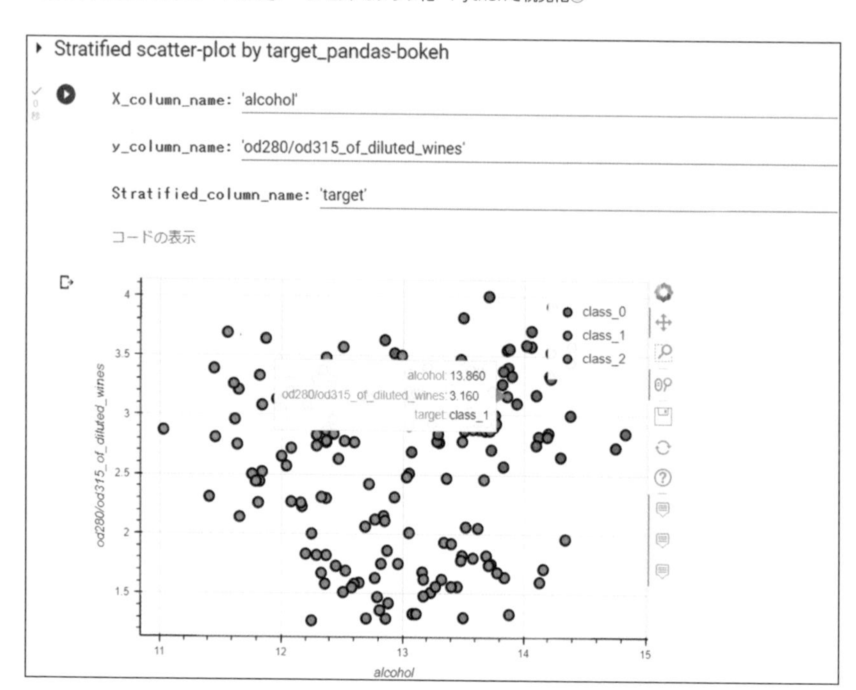

これは「pandas-bokeh」というライブラリで描いたものです。

もとのデータにたどることなく、グラフ上で数値確認ができたり、インタラクティブにズームイン・ズームアウトができるのは便利です。

このケースで確認したように、**同じデータであってもグラフ表現を変えるだけで新たな気付きが得られる**ことがあります。これは、「視覚化」のバラエティを増やすことによる恩恵の1つと思います。

SECTION-006

「Titanic」データセットのグラフ化～Pythonで視覚化③

本節で使用するデータセットは、「seaborn」ライブラリで用意されている「Titanic」データセットです。

「Titanic」データセットについて

「Titanic」データセットは、「1912年に北大西洋で氷山に衝突し、沈没したタイタニック号の乗客者の生存状況」に関するデータです。このデータセットは、機械学習の初心者向けの題材として活用されることが多く、Kaggle（100万人以上が利用している世界最大のデータサイエンスコンペティションプラットフォーム）の初心者チュートリアルのデータセットでもあります。

seaborn版の「Titanic」データセットは、一部のデータ項目名・クラス名がわかりやすい表記に変更され、オリジナルデータにないデータ項目が追加されています（追加項目は「乗船デッキ」です）。

本書では、seaborn版の「Titanic」データセットの一部をカットした次のデータを使用します。

- データ項目（特徴量）
  - sex（性別 :male、female）
  - age（年齢）
  - sibsp（同乗している兄弟/配偶者の数）
  - parch（タイタニックに同乗している親/子供の数）
  - fare（乗船料金）
  - class（乗船クラス :First、Second、Third）
  - deck（乗船デッキ）
  - embark_town（出港地 :Cherbourg、Queenstown、Southampton）
  - alone（一人で乗船したかどうか）
- ターゲット（目的変数）
  - alive（生存状況 :yes、no）

Notebookの起動と実行

「Pythonで視覚化③.ipynb」をダウンロードし、Notebookを起動します。Notebookのダウンロードについては、5ページを参照してください。

Notebookを起動した後、「1.インストール」の▶をクリックします（インストールが実行されます）。

「2.データセット読み込み」の「Select_Dataset」セルのドロップダウンメニュー（dataset:）で「Titanic（seaborn）:binary」を選択してから、「Load dataset」セルの▶をクリックします（データセットが読み込まれます）。

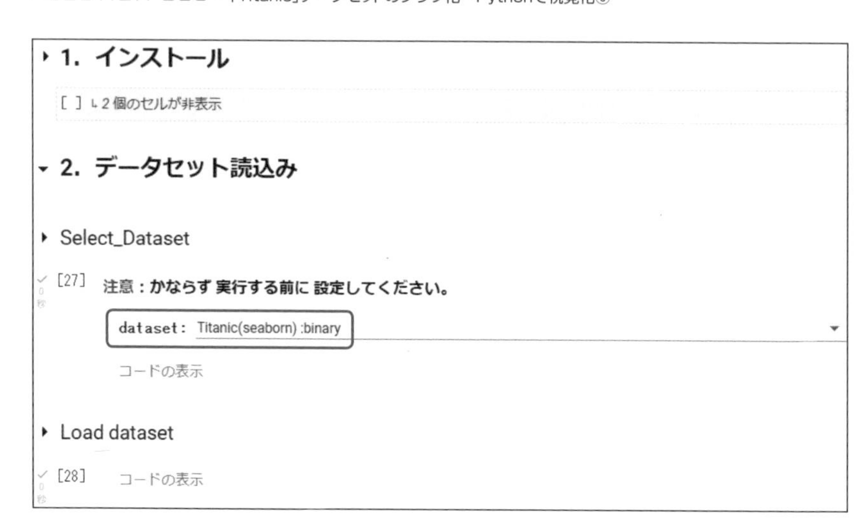

データセットを読み込むと、下図のように表示されます。

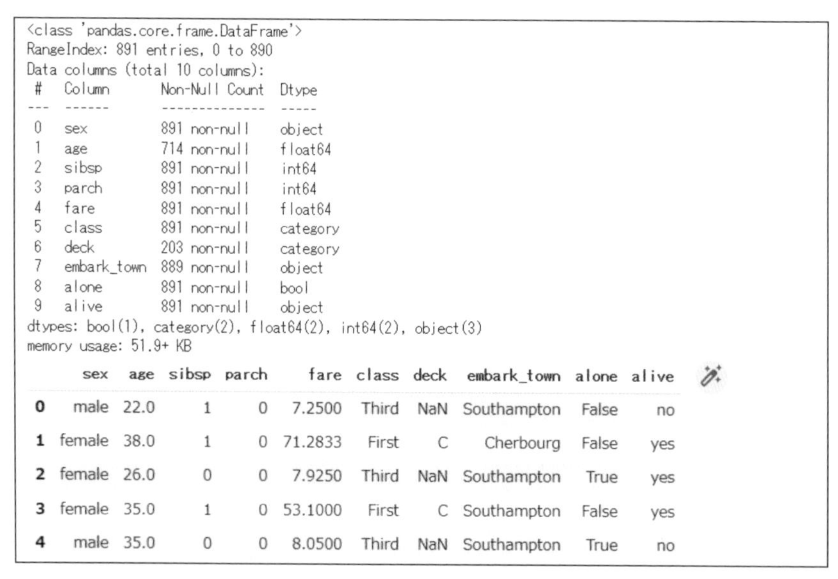

```
<class 'pandas.core.frame.DataFrame'>
RangeIndex: 891 entries, 0 to 890
Data columns (total 10 columns):
 #   Column       Non-Null Count  Dtype
---  ------       --------------  -----
 0   sex          891 non-null    object
 1   age          714 non-null    float64
 2   sibsp        891 non-null    int64
 3   parch        891 non-null    int64
 4   fare         891 non-null    float64
 5   class        891 non-null    category
 6   deck         203 non-null    category
 7   embark_town  889 non-null    object
 8   alone        891 non-null    bool
 9   alive        891 non-null    object
dtypes: bool(1), category(2), float64(2), int64(2), object(3)
memory usage: 51.9+ KB
```

	sex	age	sibsp	parch	fare	class	deck	embark_town	alone	alive
0	male	22.0	1	0	7.2500	Third	NaN	Southampton	False	no
1	female	38.0	1	0	71.2833	First	C	Cherbourg	False	yes
2	female	26.0	0	0	7.9250	Third	NaN	Southampton	True	yes
3	female	35.0	1	0	53.1000	First	C	Southampton	False	yes
4	male	35.0	0	0	8.0500	Third	NaN	Southampton	True	no

上段の表示内容は、Titanicデータの概要です。

Columnはデータ項目です。「sex」「age」「sibsp」「parch」「fare」「class」「deck」「embark_town」「alone」「alive」の10項目です。**Non-Null Count**は、欠損値を除いたデータ数です。最大891に対して、「age」は714、「deck」は203、「embark_town」は889となっているので、この3項目には欠損値があることがわかります。

Dtypeはデータの型です。次の通り、さまざまなデータ型が混在しています。

- 「age」「sibsp」「parch」「fare」：「int64」型(整数値)および「float64」型(浮動小数点数)
- 「class」「deck」：「category」型
- 「sex」「embark_town」「alive」：「object」型(文字)
- 「alone」：「bool」型(True/False)

下段の表示内容は、先頭5行データです。

上下段の内容から、「Titanic」データセットは、「乗客に関する各種情報」と「生死(alive)」が対応したデータであることがわかります。

これまでと同様に、まずは、データ全体を視覚化してみましょう。

「Pairplot_classification」セルの▶をクリックします。

▸ Pairplot_classification

▶ コードの表示

下図のグラフが表示されます。

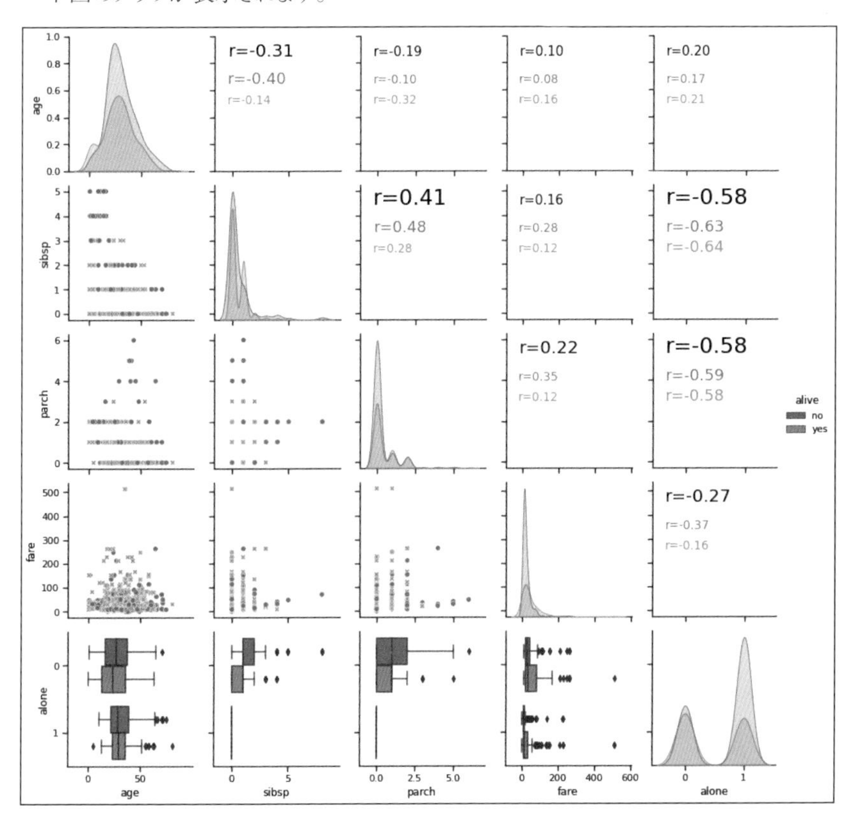

「seaborn-analyzer」で描くことができるpairplotは、次の機能強化が図られています[4]。

- 相関係数の表示
  - 左上から右下に向けての対角線上にある分布の右上に相関係数、左下に散布図などのグラフを表示(一般的なpairplotは、対角線を境とした右上と左下に同じグラフが表示される)。
- 離散的な変数の傾向も把握
  - X、Yいずれかの変数の取る値が2種類以下のとき、箱ひげ図で表示し、もう1つの変数が4種類以下のとき、バブルチャートでデータの重複数を表示する

「Titanic」データセットは、データ項目「alone(一人で乗船したかどうか)」の取る値が2値(True/False)であるため、上記2つ目の機能により、「alone(一人で乗船したかどうか)」に関するデータが箱ひげ図で表示されています。このpairplotから、次の内容を読み取ることができますが、あまり多くの情報は得られません。

- 「alone(一人で乗船したかどうか)」の分布から、「1:一人で乗船」のほうが「0:乗船は一人ではない」よりも亡くなっている人が多い

これは、pairplotにcategory型・object型のデータ項目がpairplotに反映されていないからかもしれません。カテゴリーデータは `{man,female}` → `{0,1}` のように変換することもできますが、ここでは個別に棒グラフを描いて確認してみます(カテゴリーデータの変換処理などはCHAPTER 05で解説します)。

▶棒グラフ

まずは、「sex(性別)」による違いを見てみます。

Notebookの「bar-plot_seaborn」というセルの「Column_name:」に `'sex'` 、「Category_column_name:」に `'alive'` を入力し、セルの▶をクリックすると、下図のように表示されます。

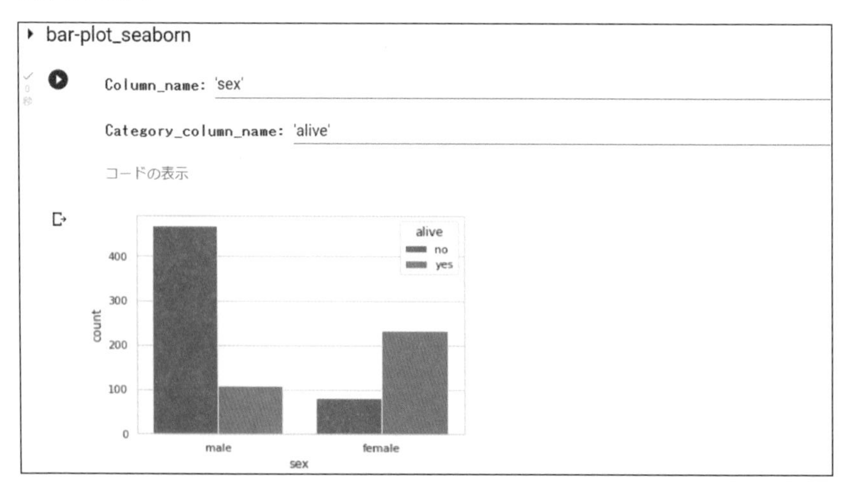

[4]: 筆者は、視認性の高さだけではなく機能強化の要素も含め、pairplotを描くときは「seaborn-analyzer」を使っています。

これは「seaborn」というライブラリで描いたものです。

グラフから、男性(male)と女性(female)の生死に顕著な差があったことがわかります。タイタニック号で亡くなった人のほとんどは男性、助かった人のほとんどは女性であったということです。

次に「class(乗客クラス)」別でも見てみます。

Notebookの「bar-plot_seaborn」というセルの「Column_name:」に `'class'` 、「Category_column_name:」に `'alive'` を入力し、セルの▶をクリックすると、下図のように表示されます。

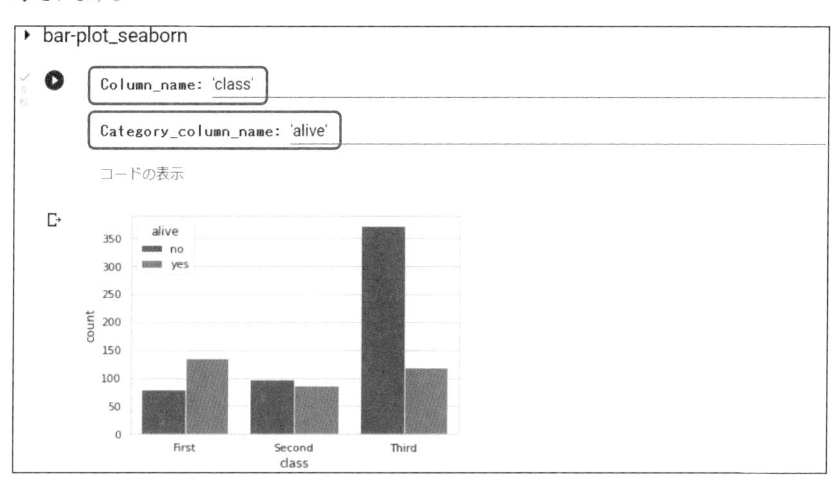

これを見ると、First(ファーストクラス)の乗客は生存した人が多く、Third(サードクラス)の乗客は亡くなった人が圧倒的に多かったようです。

▶Class separater plot

2つの棒グラフで、「sex(性別)」と「class(乗客クラス)」は、「alive(生死)」への影響が高いことがわかったので、「age(年齢)」と「fare(乗船料金)」の散布図を「alive(生死)」で層別(打点の色分け)し、「sex(性別)」と「class(客室クラス)」のマトリクスにして描いてみます。

Notebookの「class_separater_plot_plotnine」というセルの「X_column_name:」に `'age'` 、「y_column_name:」に `'fare'` 、「Stratified_column_name:」に `'alive'` 、「facet:」に `'sex~class'` を入力し、セルの▶をクリックすると、次ページの図のように表示されます。

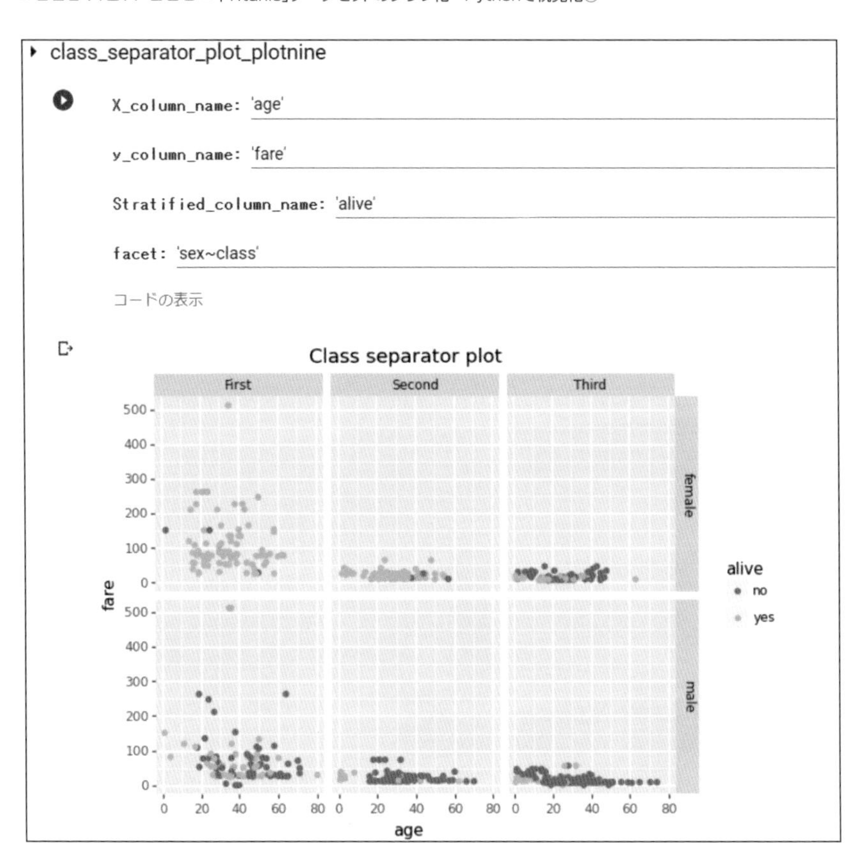

これは「plotnine」というライブラリのfacet設定を利用し、描いたものです。

この「視覚化」は、タイタニック号の状況を物語っているように思います。前述の通り、亡くなった人の多くは「male（男性）」ですが、「Third（サードクラス）」の乗客者は性別の差なく亡くなった人が多かったようです。このことから、優先的に救命ボートに乗せられたのは、「First（ファーストクラス）」に乗った裕福な「female（女性）」であったことが予想できます。女性が優先されたのは自然ですが、裕福な方が優先されたというのは悲しいですが現実なのかもしれません。

もう1つ、読み取れるのは、6つに分割されたグラフの左端に近い打点（=若年者）は、ほぼ水色（alive=yes）であることです。この傾向から、子供は優先的に保護されたことも予想できます。この傾向は「sex（性別）」と「class（客室クラス）」に限らない傾向であり、人として希望が持てる結果に思えました。

「Titanic」データは、CHAPTER 05でも別の形で見てみたいと思います。

任意のCSVデータを読み込む場合

本書のNotebookは、下記の手順で任意のCSVデータを読み込むことができます。

Notebookによる CSVデータ読み込み手順

「2.データセット読込み」の「Select_Dataset」のドロップダウンメニュー(dataset:)で「Upload」を選択してから、「Load dataset」の▶をクリックします。すると、[ファイル選択]ボタンが表示されるので、このボタンをクリックし、読み込ませるファイルを指定します。

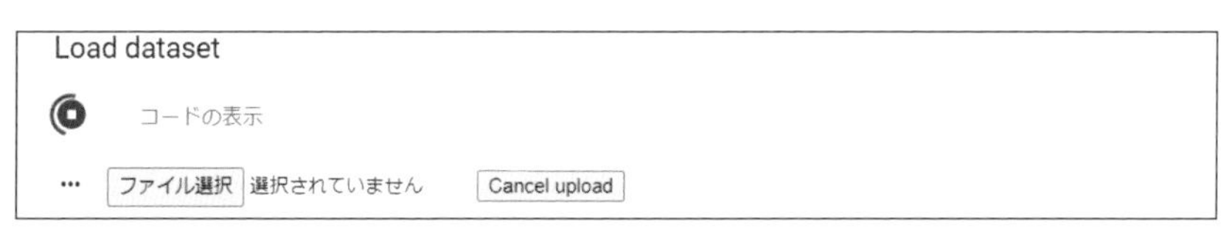

読み込みが完了すると、「データ概要」と「先頭5行データ」が表示されます。

CSVデータ形式について

読み込ませるCSVデータの表形式は下記のようにしてください(**目的変数は右端列に**)。

説明変数1	説明変数2	説明変数3	説明変数4	…	説明変数n	目的変数
data	data	data	data	…	data	data
data	data	data	data	…	data	data
.	.	.	.	…	…	.
.	.	.	.	…	…	.

また、**文字コードは「UTF-8」**としてください。

CSVデータを読み込んでみる

実際にCSVデータを読み込んでみましょう。

まず、下記URLの「Available datasets」にアクセスします。

URL https://vincentarelbundock.github.io/Rdatasets/articles/data.html

画面上部の「Search:」に「soccer」と入力すると次ページの図のように表示されるので、「CSV」をクリックし、PCにダウンロードします(ダウンロード後、データを開いて確認してみてください)。

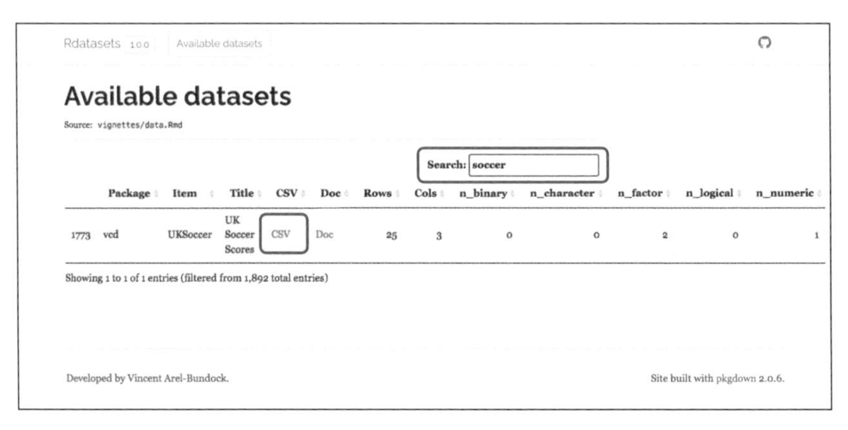

前述の「Notebookによるcsvデータ読み込み手順」に従って実行すれば、下図の内容が表示されます。

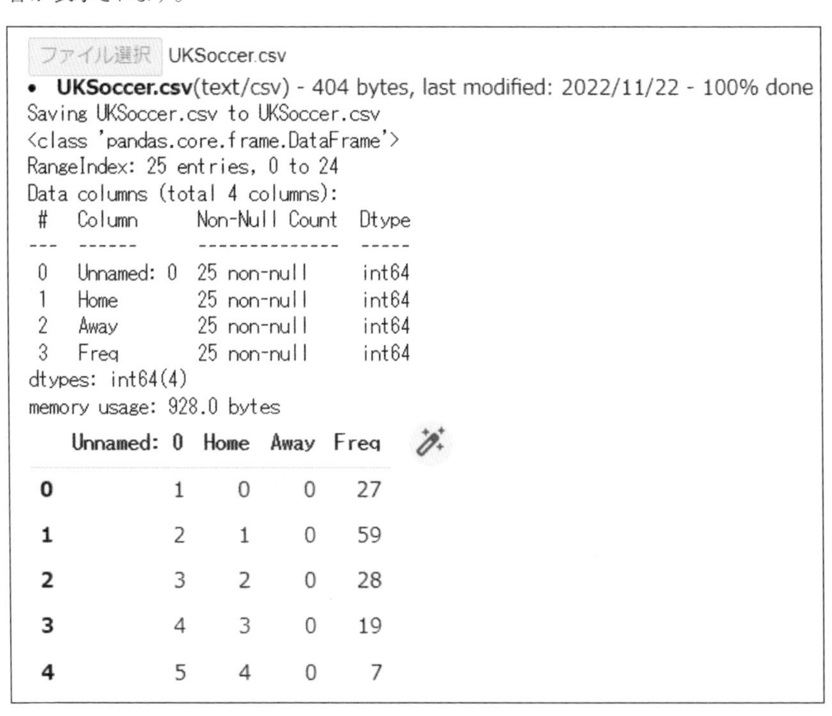

ファイル選択 UKSoccer.csv

- **UKSoccer.csv**(text/csv) - 404 bytes, last modified: 2022/11/22 - 100% done

```
Saving UKSoccer.csv to UKSoccer.csv
<class 'pandas.core.frame.DataFrame'>
RangeIndex: 25 entries, 0 to 24
Data columns (total 4 columns):
 #   Column      Non-Null Count  Dtype
---  ------      --------------  -----
 0   Unnamed: 0  25 non-null     int64
 1   Home        25 non-null     int64
 2   Away        25 non-null     int64
 3   Freq        25 non-null     int64
dtypes: int64(4)
memory usage: 928.0 bytes
```

	Unnamed: 0	Home	Away	Freq
0	1	0	0	27
1	2	1	0	59
2	3	2	0	28
3	4	3	0	19
4	5	4	0	7

このデータは、1995-1996シーズンのプレミアリーグにおけるホームチームとアウェイチームにおける得点データです。380試合におけるホームチームとアウェイチームのゴール数と試合数のクロス集計データです。

1つ目のデータ「Home:0, Away:0, Freq:27」は、ホームチームとアウェイチームのスコアが0-0であった試合が27試合あったことを示しています。

CSVファイルの文字コードを「UTF-8」にする方法

Excelで文字コードを「UTF-8」にする場合、[名前を付けて保存]→「ファイルの種類」のプルダウンリストにて[CSV UTF-8(コンマ区切り)]を選択します。

これでうまくいかない場合(筆者は何度も経験しています)は、CSVファイルを右クリックし、「プログラムから開く」→「メモ帳」を選択します。「ファイル」→「名前を付けて保存」を選択し、表示されたダイアログボックスの「文字コード」を「UTF-8」に変更の上、保存してください。

本章のまとめ

本章では、3つのデータセットで、いくつかの視覚化を行いました。

全体を見ることでデータセットの特徴がつかみやすくなること、同じデータであっても少し見方を変えるだけで得られる気付きも変わること、探索的にデータ確認ができるグラフが描けること、「視覚化」のバラエティを増やすことでデータの骨格に近づく可能性を高まることなどを感じていただけたのではないかと思います。

本章では、いくつかの視覚化ライブラリを用いていますが、描画したグラフはすべてわずかなデータ項目を指定しただけです。これは、読み込んだデータの構成を汎化し、コードを単純化した上で、いくつかのデータ項目を指定するだけで描けるグラフを選んでいるからです。

この内容は、次章で触れたいと思います。

Note

- 本章で使用したNotebookは、この章で取り上げていないデータセットも読み込むことができるので、視覚化の試行に利用いただければと思います。
- 【参考】https://qiita.com/c60evaporator/items/20f11b6ee965cec48570

CHAPTER 03

Pythonでグラフを描くプログラム

Pythonには、特定の機能がまとめられた「ライブラリ」が数多くあります。グラフを描くときは、視覚化ライブラリをインストールし、グラフ化するデータを読み込み、その後、描画に必要な指示を与え、実行します。

コードで指示するので、PCのアプリケーションと同じようにというわけにはいきませんが、処理を汎用化しておくことで、比較的簡単に、与えるデータが変わっても組合わせ的に実行することができます。

本章は、Pythonでグラフを描くプログラムの流れ、簡単に実行するための処理、ライブラリとグラフの組合せについて解説します。

Pythonでグラフを描くプログラムの流れ

下図は、Pythonでグラフを描くプログラムの流れを示したものです。

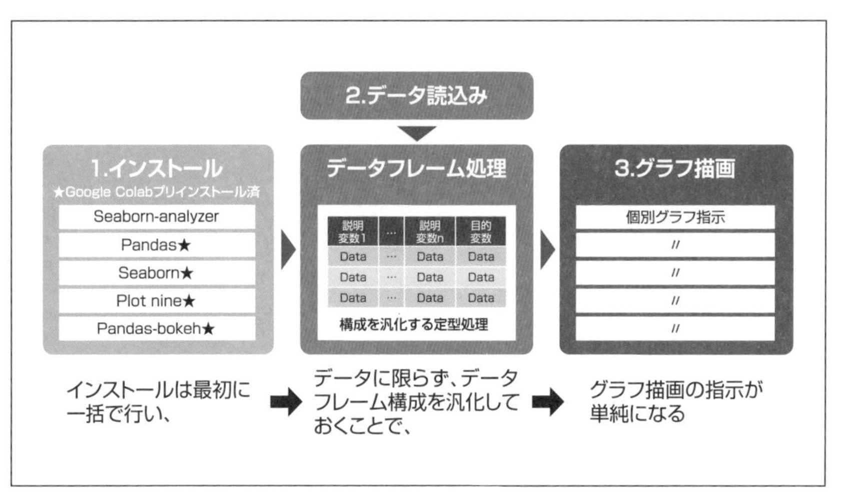

上図で示した通り、Pythonでグラフを描くプログラムの流れは次の通りです。

1 インストール

2 データ読み込み→データフレーム処理

3 グラフ描画

グラフ描画の指示(コード)は、ライブラリ・グラフごとで異なります。また、グラフを詳細に設定する場合は、その内容に応じた指示(コード)を別途与える必要もあるので、グラフを描くたびにコードを組み立てるのではなく、次のようなアプローチをとったほうが実行や指示を単純にでき、応用もしやすくなります。

アプローチ	対応例
一括処理が可能なことは--括で	ライブラリのインストールは最初に一括で行う
共通処理と個別処理を分ける	インストール～データ読み込みまでは共通、グラフ描画は個別に処理する & グラフは詳細設定ではなく基本スタイルを標準とし、詳細は別途とする
個別処理の個別要素をできるだけ減らす	グラフを描くための変数(Xやyなど)を共通化し、描画指示の個別要素を減らす & できるだけシンプルなコードでグラフ描画できるライブラリを選ぶ

次節以降で、これらの内容について解説します。

ライブラリのインストール

Google Colabは、数値計算、データ解析、視覚化、機械学習などに関する主要ライブラリがプリインストールされています。

プリインストールされていないライブラリを使う場合のみ、別途インストールする必要があります。CHAPTER 02で実行した内容でいえば「seaborn-analyzer」と「pandas-bokeh」がプリインストールされていないライブラリとなります。

慣れない間は戸惑うかもしれませんが、グラフを描く場合、利用するライブラリは限られるので、これらを最初に一括でインストールしておけば問題ありません。

Pythonライブラリのインストールは、コードセルに `!pip install ライブラリ名` というコマンドを与えます。CHAPTER 02のNotebookで実行したインストールコードは次のようになります。

SAMPLE CODE seaborn-analyzerのインストール

```
!pip install seaborn-analyzer
```

SAMPLE CODE pandas-bokehのインストール

```
!pip install pandas-bokeh
```

なお、Google Colabにプリインストールされているライブラリは、次のコマンドで確認できます。

SAMPLE CODE プリインストールされているライブラリの確認

```
!pip list
```

データの読み込み

データセットは、「1つの目的変数」と「複数の説明変数」で構成されています。一般記号で表現すると、『「変数名がTARGETの目的変数y」と「変数名がFEATURESの説明変数X」で構成されたデータ』です。

データをデータフレームに格納する際に「TARGET」「y」「FEATURES」「X」を割り当てておくというのが、ここでいう構成の汎用化になります。

下図は、CHAPTER 02の「Occupancy_detection」データセットにおける割り当ての対応を示したものです。

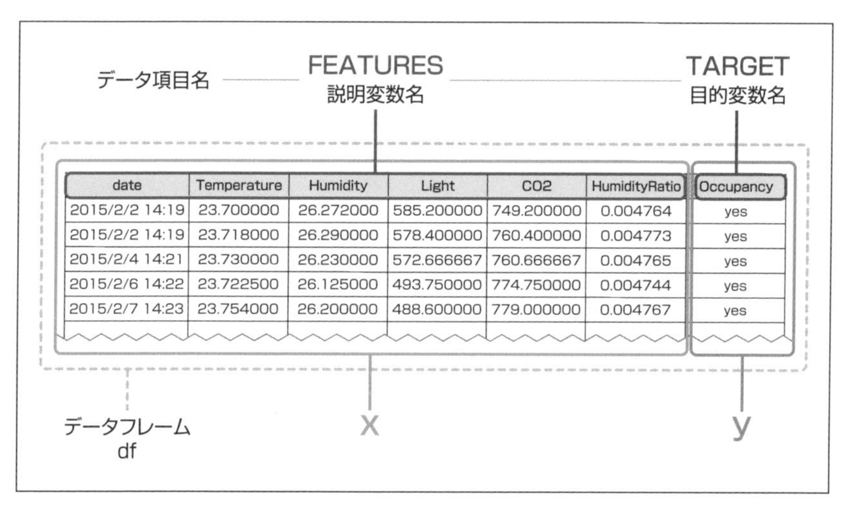

この割り当てにより、読み込んだデータに限らず、FEATURESを呼び出すことで説明変数名、TARGETを呼び出すことで目的変数名を取り出すことができます。たとえば、目的変数を指定する場合は、いつでもTARGETとするだけでよいなどとできるため、コードを単純化することができます。これは、機械学習を行う場合も有効な処理です。

本書のNotebookでグラフを描く際、コードを操作することなく、限られたデータ項目を指定するだけで済んでいるのは、この割り当て処理とGoogle ColabのForms機能を活用しているからです。

Google ColabのForms機能について

Google Colabは、Notebookのセルに「文字や数値の入力枠」「ドロップダウンメニュー」「チェックボックス」などのUIを簡単に実装することができます。これは**Forms**と呼ばれる機能で、コード表示を隠すことコード表示を隠すこともできます。

Forms適用例や適用方法は、APPENDIX「Google ColabのForms機能について」を参照してください。

Ⅲ データセットを読み込むコードについて

次にデータセットを読み込むのコードについて説明します(「Select_dataset」と「Load dataset」)。説明は、CHAPTER 02で使用したNotebookのコードに沿った内容となりますが、次章以降で使用するNotebookについても基本的には同じです。

▶「Select_Dataset」セル

まず、「Select_Dataset」のブロックです。

```
▸ Select_Dataset

[3]  注意：かならず 実行する前に 設定してください。

     dataset： wine :classification
```

「Select_dataset」のブロックのコードは次の通りです。

SAMPLE CODE

```
#@title Select_Dataset { run: "auto" }
#@markdown  **<font color= "Crimson">注意</font>:かならず 実行する前に 設定
してください。**</font>

dataset = 'wine :classification' #@param ['Boston_housing :regression',
'Diabetes :regression', 'Breast_cancer :binary','Titanic :binary',
'Titanic(seaborn) :binary', 'Iris :classification', 'Loan_prediction
:binary','wine :classification', 'Occupancy_detection :binary', 'Upload']
```

Notebookでは、Google ColabのForms機能を利用し、複数のデータセットの中から特定のデータセットをドロップダウンメニューで選択できるようにしています。`#@param` の `['A', 'B'…]` 内に、ドロップダウンメニューで表示させたいデータセット名を入力しています。このコードにより、ドロップダウンメニューで選択したデータセットが `dataset` という変数に格納されます。

▶「Load dataset」セル

次に、「Load dataset」のブロックです。「Load dataset」のブロックのコードは次の通りです。

SAMPLE CODE

```
#@title Load dataset

# ライブラリインポート
import pandas as pd     # データを効率的に扱うライブラリ
import seaborn as sns   # 視覚化ライブラリ
import warnings         # 警告を表示させないライブラリ
warnings.simplefilter('ignore')

'''
```

▼

```
dataset(ドロップダウンメニュー)で選択したデータセットを読み込み、
データフレーム(df)に格納。
目的変数は、データフレームの最終列とし、FEATURES、TARGET、X、yを指定した後、
データフレーム
に関する情報と先頭5列を表示。
任意のCSVデータを読み込む場合は、datasetで'Upload'を選択。

'''

# 任意のCSVデータ読み込みおよびデータフレーム格納
if dataset =='Upload':
  from google.colab import files
  uploaded = files.upload()
  target = list(uploaded.keys())[0]
  df = pd.read_csv(target)

# Diabetesデータセットの読み込みおよびデータフレーム格納
elif dataset == "Diabetes :regression":
  from sklearn.datasets import load_diabetes
  diabetes = load_diabetes()
  df = pd.DataFrame(diabetes.data, columns = diabetes.feature_names)
  df['target'] = diabetes.target

# Breast_cancerデータセットの読み込みおよびデータフレーム格納
elif dataset == "Breast_cancer :binary":
  from sklearn.datasets import load_breast_cancer
  breast_cancer = load_breast_cancer()
  df = pd.DataFrame(breast_cancer.data, columns = breast_cancer.feature_
names)
  df['target'] = breast_cancer.target_names[breast_cancer.target]

# Titanicデータセットの読み込みおよびデータフレーム格納
elif dataset == "Titanic :binary":
  data_url = "https://raw.githubusercontent.com/datasciencedojo/datasets/
master/titanic.csv"
  df = pd.read_csv(data_url)
  # 目的変数Survivedをデータフレーム最終列に移動
  X = df.drop(['Survived'], axis=1)
  y = df['Survived']
  df = pd.concat([X, y], axis=1)    # X,yを結合し、dfに格納

# Titanic(seaborn)データセットの読み込みおよびデータフレーム格納
elif dataset == "Titanic(seaborn) :binary":
```

```
  df = sns.load_dataset('titanic')
  # 重複データをカットし、目的変数aliveをデータフレーム最終列に移動
  X = df.drop(['survived','pclass','embarked','who','adult_male','alive'],
axis=1)
  y = df['alive']                         # 目的変数データ
  df = pd.concat([X, y], axis=1)     # X,yを結合し、dfに格納

# irisデータセットの読み込みおよびデータフレーム格納
elif dataset == "Iris :classification":
  from sklearn.datasets import load_iris
  iris = load_iris()
  df = pd.DataFrame(iris.data, columns = iris.feature_names)
  df['target'] = iris.target_names[iris.target]

# wineデータセットの読み込みおよびデータフレーム格納
elif dataset == "wine :classification":
  from sklearn.datasets import load_wine
  wine = load_wine()
  df = pd.DataFrame(wine.data, columns = wine.feature_names)
  df['target'] = wine.target_names[wine.target]

# Loan_predictionデータセットの読み込みおよびデータフレーム格納
elif dataset == "Loan_prediction :binary":
  data_url = "https://github.com/shrikant-temburwar/Loan-Prediction-Dataset/
raw/master/train.csv"
  df = pd.read_csv(data_url)

# Occupancy_detectionデータセットの読み込みおよびデータフレーム格納
elif dataset =='Occupancy_detection :binary':
  data_url = 'https://raw.githubusercontent.com/hima2b4/Auto_Profiling/main/
Occupancy-detection-datatest.csv'
  df = pd.read_csv(data_url)
  df['date'] = pd.to_datetime(df['date'])     # [date]のデータ型をdatetime型
に変更

# Bostonデータセットの読み込みおよびデータフレーム格納
else:
  from sklearn.datasets import load_boston
  boston = load_boston()
  df = pd.DataFrame(boston.data, columns = boston.feature_names)
  df['target'] = boston.target

# FEATURES、TARGET、X、yを指定
```

```
FEATURES = df.columns[:-1]      # 説明変数のデータ項目を指定
TARGET = df.columns[-1]         # 目的変数のデータ項目を指定
X = df.loc[:, FEATURES]         # FEATURESのすべてのデータをXに格納
y = df.loc[:, TARGET]           # TARGETのすべてのデータをyに格納

# データフレーム表示
df.info(verbose=True)           # データフレーム情報表示(verbose=Trueで表示数
制限カット)
df.head()                       # データフレーム先頭5行表示
```

少し長いコードになっていますが、複雑な内容ではありません。以降で3つに分けて説明します。

1つ目は、**ライブラリのインポート**です。

SAMPLE CODE

```
#@title Load dataset

# ライブラリインポート
import pandas as pd    # データを効率的に扱うライブラリ
import seaborn as sns  # 視覚化ライブラリ
import warnings        # 警告を表示させないライブラリ
warnings.simplefilter('ignore')
```

Pythonでライブラリを実行するためには、事前にインストールし、インポートしておく必要があります。インポートは、コードセルに `import ライブラリ名` と記述します。

CHAPTER 02のNotebookの「2.データセット読込み」では、3つのライブラリ(pandas、seaborn、warnings)をインポートしています。

pandasはデータを効率的に扱うためのライブラリで、ここでは各種データフレーム処理を実行しています。

seabornはPythonの代表的な視覚化ライブラリです。ここでは視覚化のためではなく、seabornで用意されているデータセットリストを読みだすためにインポートしています。

warningsは、警告表示のライブラリです。`warnings.simplefilter('ignore')` と指定することですべての警告を非表示にすることができます。

`import pandas as pd` というコードは、「pandasライブラリをインポート、以後、実行は `pd` で指示する」という内容です。

Pythonでよく使用するライブラリは、このように、いつもまとめて実行されていることが多いと思います。

2つ目は、**データセットの読み込みおよびデータフレームへの格納**です。

SAMPLE CODE

```
# 任意のCSVデータ読み込みおよびデータフレーム格納
if dataset =='Upload':
  from google.colab import files
  uploaded = files.upload()# Upload
  target = list(uploaded.keys())[0]
  df = pd.read_csv(target)
```

このコードは、『1つ前のセルのドロップダウンメニューで 'Upload' を選択した場合、次の処理を実行しなさい』という内容です。条件が一致すれば処理に沿ったデータセットを読み込み、一致しなければ次の elif の条件を確認するという流れになります（ else はどの条件にも一致しないときに処理されます）。

読み込むデータセットにより、コードの内容は少し異なりますが、いずれも「読み込んだデータセットをPythonで処理できるデータフレームに変換し、df という変数に格納する」という処理を実行しています。

3つ目は、最後の処理となる「TARGET、y、FEATURES、Xを設定しておく」という**データフレーム構成の汎用化**に関する内容です。

SAMPLE CODE

```
# FEATURES、TARGET、X、yを指定
FEATURES = df.columns[:-1]      # 説明変数のデータ項目を指定
TARGET = df.columns[-1]         # 目的変数のデータ項目を指定
X = df.loc[:, FEATURES]         # FEATURESのすべてのデータをXに格納
y = df.loc[:, TARGET]           # TARGETのすべてのデータをyに格納

# データフレーム表示
df.info(verbose=True)           # データフレーム情報表示(verbose=Trueで表示数
制限カット)
df.head()                       # データフレーム先頭5行表示
```

まずは上記コード上段の処理内容を説明します。

FEATURES = df.columns[:-1] は、df（データフレーム）の columns（データ項目名）の内、[:-1]（最初から最後の1つ前まで）のデータ項目を FEATURES とするコードです。

TARGET = df.columns[-1] は、df（データフレーム）の columns（データ項目名）の内、[-1]（最後の）のデータ項目を TARGET とするコードです。

X = df.loc[:, FEATURES] は、df（データフレーム）の FEATURES の、[:,]（すべてのデータ）を X とするコードです。

y = df.loc[:, TARGET] は、df（データフレーム）の TARGET の、[:,]（すべてのデータ）を y とするコードです。

次に下段の処理内容を説明します。

`df.info(verbose=True)` は、データセット情報を表示するコードです。文字通り、`df`（=データセット）の `info`（=情報）です。`verbose=True` は情報表示数の制限をなくすための指示（引数）で、通常は `df.info()` とされます。

`df.head()` は、データセットの先頭5行を表示するコードです。`df.tail()` とすると最終5行、表示数を変えたい場合は `()` に任意の数値を入力します。

▶データ読み込みコードを最小化（CSV読み込みだけにする）

データ読み込みをCSVデータの読み込みだけにする場合、「detaset」を選択するセルは不要となり、「Load dataset」のセルは次のコードのみとなります。

SAMPLE CODE

```
#@title Load dataset_simple

# ライブラリインポート
import pandas as pd    # データを効率的に扱うライブラリ
import warnings        # 警告を表示させないライブラリ
warnings.simplefilter('ignore')

# 任意のCSVデータ読み込みおよびデータフレーム格納、
from google.colab import files
uploaded = files.upload()
target = list(uploaded.keys())[0]
df = pd.read_csv(target)

# FEATURES、TARGET、X、yを指定
FEATURES = df.columns[:-1]     # 説明変数のデータ項目を指定
TARGET = df.columns[-1]        # 目的変数のデータ項目を指定
X = df.loc[:, FEATURES]        # FEATURESのすべてのデータをXに格納
y = df.loc[:, TARGET]          # TARGETのすべてのデータをyに格納

# データフレーム表示
df.info(verbose=True)          # データフレーム情報表示(verbose=Trueで表示数
制限カット)
df.head()                      # データフレーム先頭5行表示
```

▶pairplot(分類データ)の描画

下記は、pairplot(分類データ)を描画するコードです。

SAMPLE CODE

```
#@title Pairplot_classification


from seaborn_analyzer import CustomPairPlot


cp = CustomPairPlot()
cp.pairanalyzer(df, hue=TARGET)
```

コードはとてもシンプルです。「seaborn_analyzerからCustomPairPlotをインポートして適用し、データフレーム `df` を目的変数 `TARGET` で層別 `hue` の上で描く `pairanalyzer()` 」という内容です。

▶データ項目一覧の表示

下記は、データセットのデータ項目の一覧を表示するコードです。

SAMPLE CODE

```
#@title **データ項目一覧**
#@markdown **※データ項目一覧を表示します。以後のデータ項目の入力は、表示された項目をコピーアンドペーストすると確実です。**
print('データ項目名：',df.columns.values)
```

これは、データフレーム `df` のデータ項目名 `columns` の実際の値 `value` を表示 `print` するという指示です。

グラフの描画

Pythonには、多くの「視覚化ライブラリ」があります。

CHAPTER 02で描いた「seaborn-analyzer」によるpairplotのように特殊なグラフに特化したライブラリもありますが、多くの「視覚化ライブラリ」はさまざまな種類のグラフを描くことができます。

ライブラリごとに書式は異なっているので、多くの「視覚化ライブラリ」に手を付けて書式の違いに苦心するよりも、いずれかの「視覚化ライブラリ」を主軸に応用力を高めた方が適用は楽になります。

筆者は、選択肢があると試したくなり、カスタマイズに手を付けるも「コードが複雑になると諦めるか、そのとき限りになる」という自慢にならない傾向があるので、いいなと思えるグラフが簡単に描ける「視覚化ライブラリ」を使うという都合のよい立場をとっています。

筆者のこの立場から、CHAPTER 02のNotebookは、よくも悪くも5つの「視覚化ライブラリ」(pandas、pandas-bokeh、seaborn、plotnine、seaborn-analyzer)を使用しています。

以降で、それぞれの「視覚化ライブラリ」の概要を説明します。

pandas(plotメソッド)

pandasは、データ解析を支援するライブラリです。

表形式データの前処理、演算、結合、部分的な取り出しや統計処理など、pandasが持つさまざまな機能の中に「`plot`メソッド」があります。これは、視覚化ライブラリmatplotlibのラッパーで、基本的なグラフを簡単なコードで描くことができます。

Pythonでは、pandasによってデータフレーム形式にデータを格納、保持し、これを「視覚化ライブラリ」に与えてグラフを描くことが多いですが、pandasの`plot`メソッドを使えば、Pandasだけでデータフレーム格納、保持、加工、集計から視覚化までの一連の作業が完結します。

下記はCHAPTER 02で描いた折れ線グラフのコードです。

SAMPLE CODE

```
df.plot(kind='line', x=X_column_name)
```

上記のコードを実行すると、次ページの図のように表示されます。

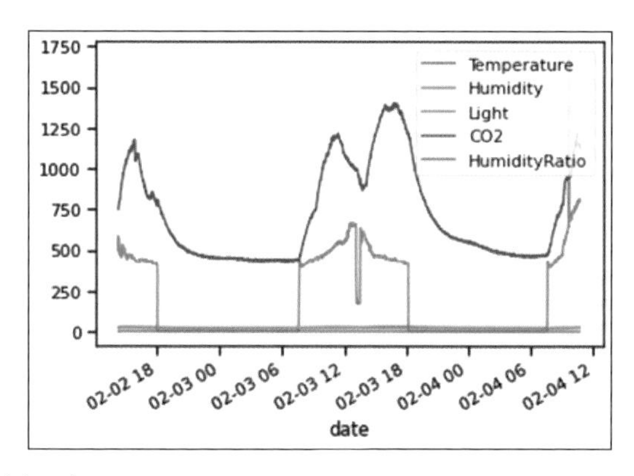

たったこれだけです。

subplot化した折れ線グラフのコードもシンプルです。

SAMPLE CODE

```
df.plot(kind='line', x=X_column_name, subplot=True)
```

上記のコードを実行すると、下図のように表示されます。

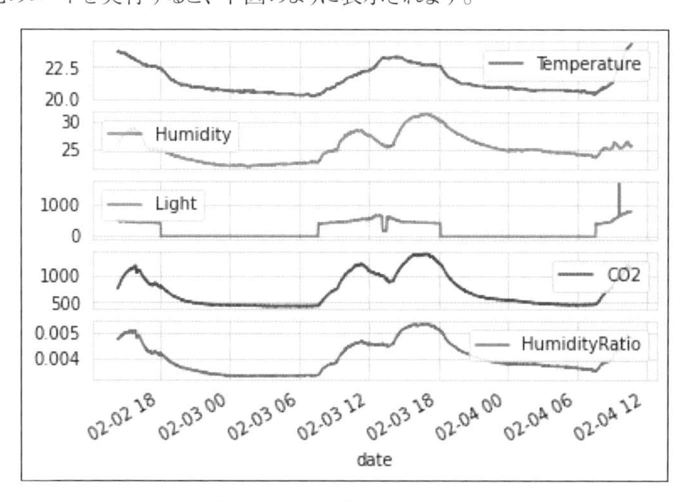

いずれも「データフレーム `df` を `()` 内の指示に従ってplotする」というコードとなっています。

`()` 内の各指示は引数と呼ばれ、何が指定できるかは「視覚化ライブラリ」によっても、描くグラフによっても異なります。上記の場合、引数は次の通りです。

引数	説明
kind	グラフの種類
x	横軸の指定
subplot	Trueでsubplot化

▶グラフのタイトル・サイズ・テーマ

本書のNotebookで描くグラフは基本的なスタイルを主としています。タイトルやグラフサイズ変更などを行う場合は、下記を参考にコード追加で対応してください。

設定箇所	引数	設定内容	備考
タイトル	title	title="タイトル名"	
サイズ	figsize	figsize= (width, height)	インチ単位
テーマ	colormap	colormap='色の指定'	色の変更[1]

前述のグラフにスタイルなどの引数を追加してみましょう。

SAMPLE CODE

```
df.plot(kind= 'line', x= X_column_name, subplots= True,
        figsize= (6,6),
        title='pandas subplots',
        grid=True,
        colormap='Accent',
        alpha=0.5);
```

上記のコードを実行すると、下図のように表示されます。

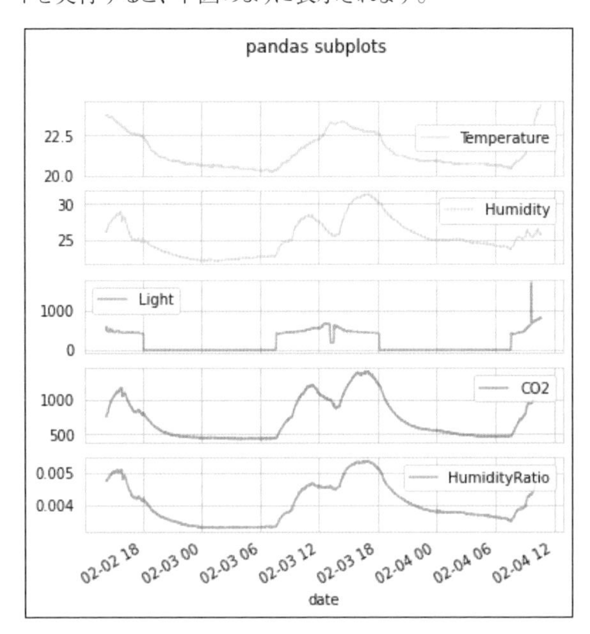

`plot` メソッドで設定可能な引数は多岐に及びます。詳しくは下記の公式ドキュメントを確認してください。

URL https://pandas.pydata.org/pandas-docs/stable/user_guide/visualization.html

[1]：colormapの指定については「https://matplotlib.org/2.0.2/examples/color/colormaps_reference.html」を参照してください。

pandas-bokeh

Pythonに、インタラクティブなHTMLベースのグラフが描けるBokehという「視覚化ライブラリ」があります。

pandas-bokehは、pandasの `plot` メソッドの `df.plot()` という記述を `df.plot_bokeh()` とするとだけで、Bokehグラフが作成できるライブラリです。

通常、Bokehでグラフを描く場合、固有のコード記述に従わないといけませんが、pandas-bokehなら、pandasの `plot` メソッドのコードにわずかな変更を加えるだけで描くことができるので、圧倒的に楽です。

先ほどのpandasの `plot` メソッドで描いた折れ線グラフとpandas-bokehの折れ線グラフのコードの違いは次の通りです。

SAMPLE CODE

```
df.plot(kind='line', x = X_column_name)        # pandas plotの折れ線
df.plot_bokeh(kind ='line', x = X_column_name) # pandas-bokehの折れ線
```

先の通り、`plot` を `plot_bokeh` としただけです。

CHAPTER 02で描いた `pandas-bokeh` の折れ線グラフのコードは次の通りです。

SAMPLE CODE

```
df.plot_bokeh(x = X_column_name, rangetool=True)
```

上記のコードを実行すると、下図のように表示されます。

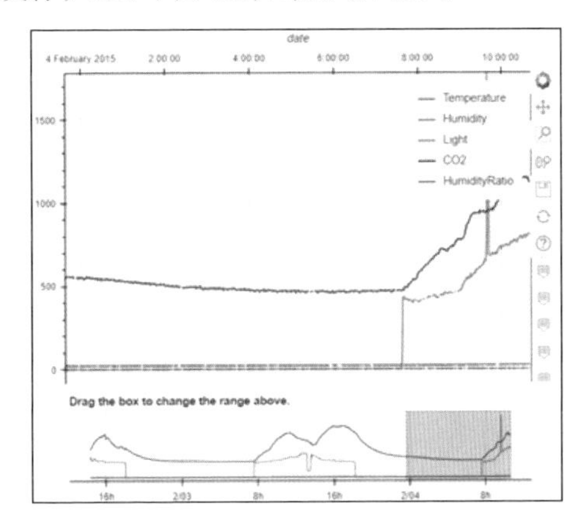

上記の通り、引数に `rangetool=True` を追加しただけです。pandasの `plot` メソッドのコードから、わずかこれだけのコード変更でインタラクティブグラフに切り替えることができるのはすごいです。

▶グラフのタイトル・サイズ・テーマ

本書のNotebookで描くグラフは基本的なスタイルを主としています。タイトルやグラフサイズ変更などを行う場合は、下記を参考にコード追加で対応してください。

設定箇所	引数	設定内容	備考
タイトル	title	title="タイトル名"	
サイズ	figsize	figsize= (width, height)	インチ単位
テーマ	colormap	colormap=["色1", "色2"]	色変更[2]

下記はNotebook「Pythonで視覚化①.ipynb」で実行したコードにスタイルなどを追加したコードです。

SAMPLE CODE

```
#@title Line-plot with rangetool_pandas-bokeh & datatable

X_column_name =  'date'#@param {type:"raw"}

# Create Bokeh-Table with DataFrame:
from bokeh.models.widgets import DataTable, TableColumn
from bokeh.models import ColumnDataSource
import pandas_bokeh
pandas_bokeh.output_notebook()

plot = df.plot_bokeh(x = X_column_name, rangetool=True,
                     figsize=(600, 400),
                     title="Occupancy detection",
                     # colormap=["red", "blue"]
                     )
datatable = DataTable(
    columns=[TableColumn(field=Ci, title=Ci) for Ci in df.columns],
    source=ColumnDataSource(df),
    height=500,
)
# Combine Table and Scatterplot via grid layout:
pandas_bokeh.plot_grid([[datatable, plot]])
```

具体的には次の内容を追加しています。

追加内容	コード
タイトルの追加	title="Occupancy detection"
グラフサイズの変更	figsize=(600, 400)
テーマ(色変更)[3]	# colormap=["red", "blue"]

上記の他にデータテーブル(`DataTable`)を追加しています。

---

[2]：colormapの指定については「https://docs.bokeh.org/en/latest/docs/reference/palettes.html」を参照してください。

[3]：ただし、コードは指定していますが「#」にてコメントアウト(無効化)しています。

前ページのコードを実行すると、下図のように表示されます。

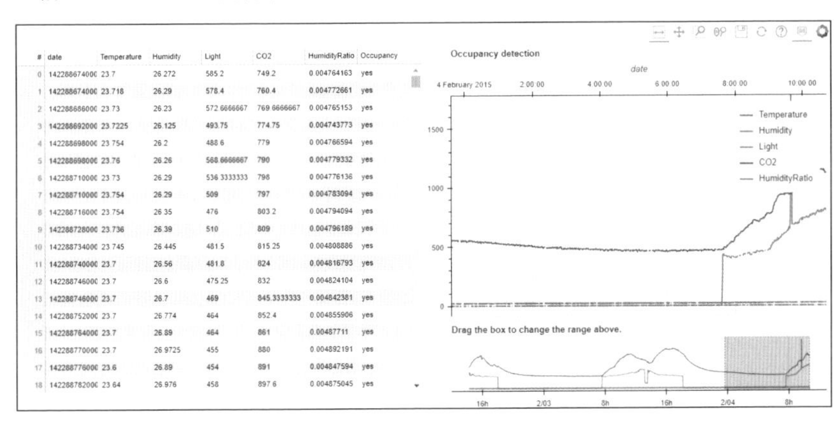

#	date	Temperature	Humidity	Light	CO2	HumidityRatio	Occupancy
0	142288674000	23.7	26.272	585.2	749.2	0.004764163	yes
1	142288674000	23.718	26.29	578.4	760.4	0.004772661	yes
2	142288686000	23.73	26.23	572.6666667	769.6666667	0.004765153	yes
3	142288692000	23.7225	26.125	493.75	774.75	0.004743773	yes
4	142288698000	23.754	26.2	488.6	779	0.004766594	yes
5	142288698000	23.76	26.26	568.6666667	790	0.004779332	yes
6	142288710000	23.73	26.29	536.3333333	798	0.004776136	yes
7	142288710000	23.754	26.29	509	797	0.004783094	yes
8	142288716000	23.754	26.35	476	803.2	0.004794094	yes
9	142288728000	23.736	26.39	510	809	0.004796189	yes
10	142288734000	23.745	26.445	481.5	815.25	0.004808886	yes
11	142288740000	23.7	26.56	481.8	824	0.004816793	yes
12	142288746000	23.7	26.6	475.25	832	0.004824104	yes
13	142288746000	23.7	26.7	469	845.3333333	0.004842381	yes
14	142288752000	23.7	26.774	464	852.4	0.004855906	yes
15	142288764000	23.7	26.89	464	861	0.00487711	yes
16	142288770000	23.7	26.9725	455	880	0.004892191	yes
17	142288776000	23.6	26.89	454	891	0.004847594	yes
18	142288782000	23.64	26.976	458	897.6	0.004875045	yes

このデータテーブルは、スクロールができ、データ項目名クリックによる降順・昇順の並べ替えもできます。これも便利です。

pandas-bokehについて引数などを細かく設定する場合は、下記の公式ドキュメントを確認してください。

URL https://patrikhlobil.github.io/Pandas-Bokeh/

seaborn

seabornは、matplotlibをより美しく、より簡単にした、Pythonの代表的な視覚化ライブラリです。

下記は、seaborn公式からの引用です。

> matplotlibをベースにしたPythonのデータ可視化ライブラリです。魅力的で情報量の多い統計グラフィックを描くための高レベルなインタフェースを提供します。

matplotlibに次いで使用されていることが多いライブラリということもあり、適用例も豊富です。

下記は、pandasの `plot` メソッドの散布図と、seabornの散布図のコードです。

SAMPLE CODE

```
# pandasのplotメソッドの散布図
df.plot(kind='scatter', x= X_column_name, y= y_column_name);

# seabornの散布図のコード
sns.scatterplot(x= X_column_name, y= y_column_name, data= df);
```

少しコードは異なりますが、イメージはできると思います。「 `()` 内の指示に従って散布図(scatterplot)を描く」というコードとなっています。

`()` 内の引数は次の通りです。

引数	説明
data	データフレームの指定(このケースでは「df」)
x	横軸の指定
y	縦軸の指定

CHAPTER 02で描いた層別散布図のコードは次の通りです。

SAMPLE CODE

```
sns.set_style('whitegrid') # スタイルの指定
sns.scatterplot(x=X_column_name, y=y_column_name, data=df,
alpha=0.7, hue=Stratified_column_name);
```

上記のコードを実行すると、下図のように表示されます。

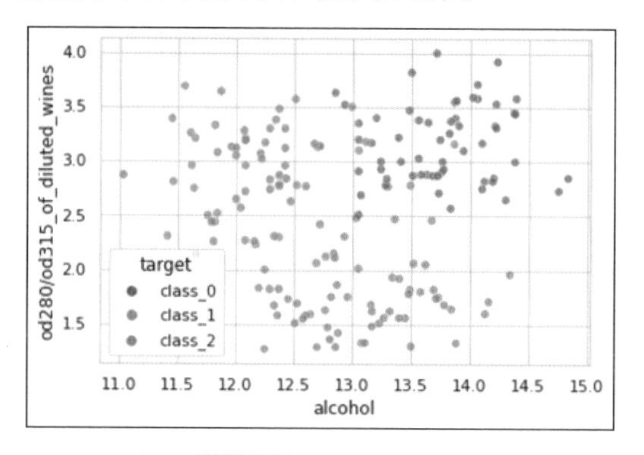

このように、スタイルの設定や、`alpha`(プロットの透明度)、`hue`(層別項目の指定)などを指定することができます。

▶グラフのタイトル・サイズ・テーマ

本書のNotebookで描くグラフは基本的なスタイルを主としています。タイトルやグラフサイズ変更などを行う場合は、下記を参考にコード追加で対応してください。

設定箇所	引数	設定内容
タイトル	title	○○.set(title='タイトル名')
サイズ[4]	figure.figsize	sns.set(rc= {'figure.figsize':(width, height)}
テーマ[5]	style	sns.set(style=('スタイル名'))

下記は上記のグラフにスタイルなどを追加したコードです。

SAMPLE CODE

```
#@title Scatter-plot_seaborn

X_column_name =  'alcohol'#@param {type:"raw"}
```

[4]:サイズはインチ単位になります。
[5]:指定できるスタイル名は「darkgrid」「whitegrid」「dark」「white」「ticks」です。また、テーマの指定は他の記述法もあります。

```
y_column_name =  'od280/od315_of_diluted_wines'#@param {type:"raw"}
Stratified_column_name =  'target'#@param {type:"raw"}

# 視覚化ライブラリのインポート
import seaborn as sns
# import matplotlib.pyplot as plt

# sns.set_style('whitegrid') # スタイルの指定
sns.set(style='whitegrid',rc = {'figure.figsize':(7,7)})
s=sns.scatterplot(x=X_column_name, y=y_column_name, data=df,
alpha=0.7, hue=Stratified_column_name);
s.set(title='Wine dataset')
```

具体的には次の内容を追加しています。

追加内容	コード
タイトルの追加	title="Wine dataset"
グラフサイズの変更	'figure.figsize':(7,7)
テーマの指定	style='whitegrid'

上記のコードを実行すると、下図のように表示されます。

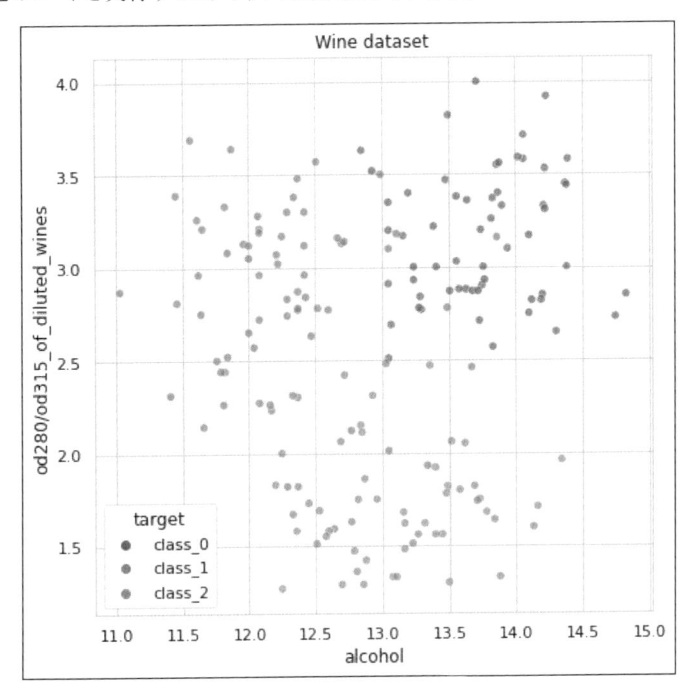

seabornの引数などを細かく設定する場合は、下記の公式サイトを確認してください。

URL https://seaborn.pydata.org

plotnine

Rにggplot2という視覚化パッケージがあり、plotnineはこのPython版です。

コード文法はggplot2を踏襲しているため、コードは他の視覚化ライブラリと比較すると異質ですが、「カスタム(あるいは複雑な)作図は容易、一方、単純な作図は単純なまま」という特徴を持ったライブラリです。

見た目が美しく、美しいからこそ可読性も高い、ありがたいライブラリの1つです。

下記は、CHAPTER 02で描いた横並び散布図のコードです。

SAMPLE CODE

```
#@title Scatter-plot for each target variable with linear regression_plotnine

X_column_name =  'alcohol'#@param {type:"raw"}
y_column_name =  'od280/od315_of_diluted_wines'#@param {type:"raw"}
Stratified_column_name =  'target'#@param {type:"raw"}

from plotnine import *


(ggplot(df, aes(x=X_column_name, y=y_column_name, color = Stratified_column_
name))
 + geom_point()
 + stat_smooth(method='lm')
 + facet_wrap(Stratified_column_name))
```

上記のコードについて説明します。

`aes()` はデータフレーム `df` 、x軸、y軸、プロットの色分け項目(color)を指定しています。 `geom_xxx` は描くグラフを指定しています(`geom_point` は散布図、`geom_boxplot` は箱ひげ図など)。 `stat_smooth()` は回帰直線の追加を指定しています。 `facet_wrap()` は層別項目を指定しています。

上記のコードを実行すると次ページの図のように表示されます。

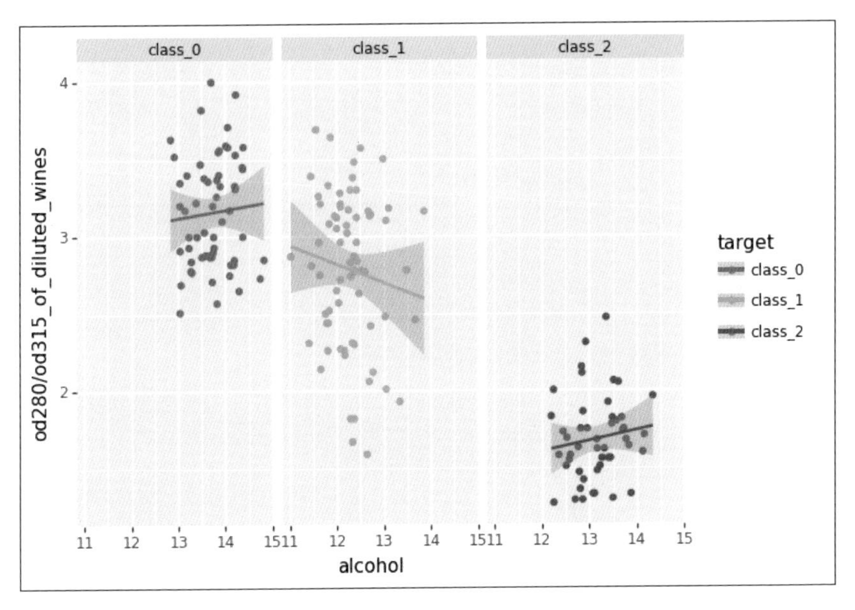

▶グラフのタイトル・サイズ・テーマ

本書のNotebookで描くグラフは基本的なスタイルを主としています。タイトルやグラフサイズ変更などを行う場合は、下記を参考にコード追加で対応してください。

設定箇所	引数	設定内容
タイトル	+ ggtitle()	+ ggtitle('タイトル名')
サイズ[6]	figure_size	+ theme(figure_size=(width, height))
テーマ[7]	theme_	+ theme_テーマ名()

下記は上記のグラフにスタイルなどを追加したコードです。

SAMPLE CODE

```
#@title Scatter-plot for each target variable with linear regression_plotnine

X_column_name =  'alcohol'#@param {type:"raw"}
y_column_name =  'od280/od315_of_diluted_wines'#@param {type:"raw"}
Stratified_column_name =  'target'#@param {type:"raw"}

from plotnine import *

(ggplot(df, aes(x=X_column_name, y=y_column_name, color = Stratified_column_
name))
 + geom_point()
 + stat_smooth(method='lm')
 + facet_wrap(Stratified_column_name)
```

[6]：サイズはインチ単位になります。
[7]：テーマによって引数が異なります。テーマの選択肢については「https://plotnine.readthedocs.io/en/stable/api.html#themes」を参照してください。

```
+ theme_xkcd() # テーマの追加
+ ggtitle('Wine dataset')
+ theme(figure_size=(10, 6)))
```

具体的には次の内容を追加しています。

追加内容	コード
タイトルの追加	+ ggtitle('Wine dataset')
グラフサイズの変更	figure_size=(10, 6)
テーマの追加	theme_xkcd()

上記のコードを実行すると、下図のように表示されます。

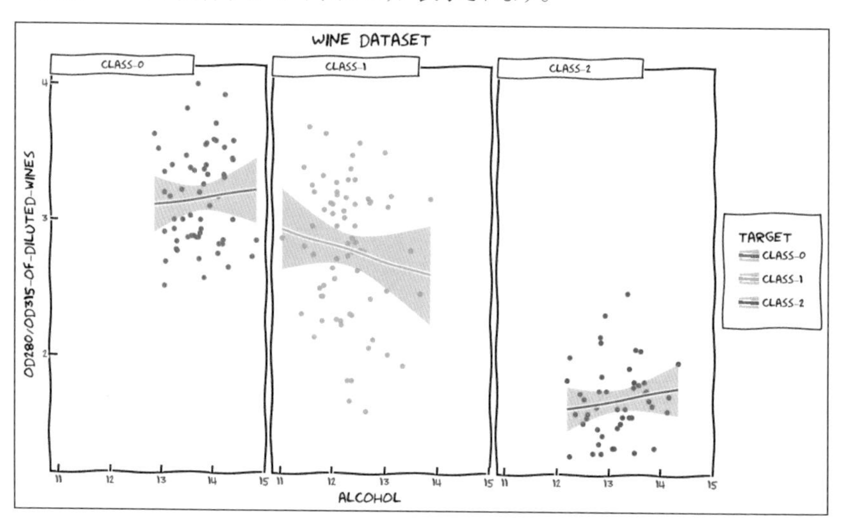

plotnineでは他にもカスタマイズが可能です。詳しくは、下記の公式サイトを確認してください。

URL https://plotnine.readthedocs.io/en/stable/

seaborn-analyzer

seaborn-analyzerは、seabornがベースの視覚化ライブラリです。「実際のデータ分析を通じてほしいと思った機能を詰め込んだ(作者:@c60evaporator氏)」とされる通り、これはいいと思えるいくつかの「視覚化」が提供されています。

本書で取り上げているのは**pairplot**だけですが、他にも実務で役立つ機能がありますので、公式サイトで確認してみてください。

URL https://github.com/c60evaporator/seaborn-analyzer

COLUMN 『DIAGRAM OF THE CAUSES OF MORTALITY』をPythonで描く

14ページで紹介した『DIAGRAM OF THE CAUSES OF MORTALITY』をPythonで描く記事を@okd46氏がQiitaにアップしています。

● matplotlibを使って世界一有名な鶏頭図(ナイチンゲールによるクリミア戦争の死亡原因)を作る - Qiita

URL https://qiita.com/okd46/items/dcef1646ce2ec6f55402

この記事を見て無性に実行したくなり、『DIAGRAM OF THE CAUSES OF MORTALITY』の2つのグラフ(APRIL1854～MARCH1855、APRIL1855～MARCH1856)をドロップダウンUIで選択できるようにし、描いてみました。

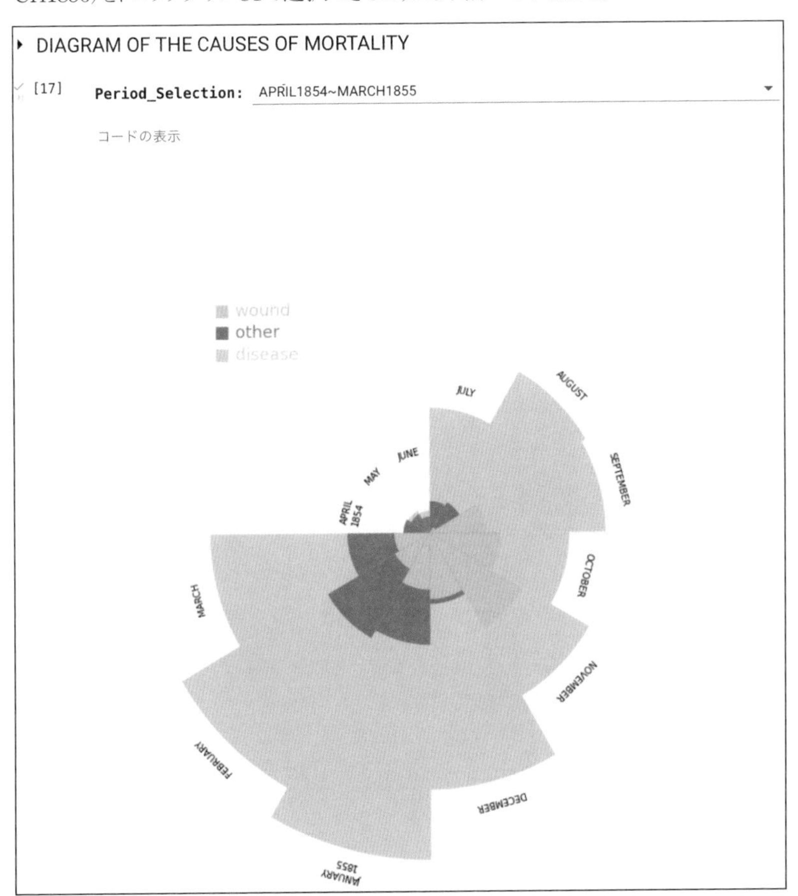

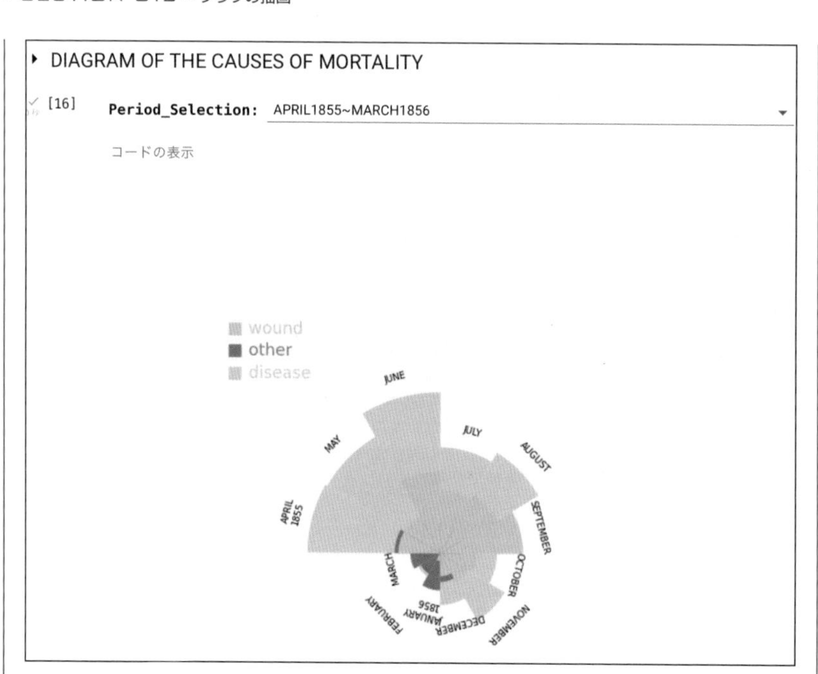

Python視覚化の奥行きの深さをあらためて感じました。@okd46氏に感謝申し上げます。

CHAPTER 04

実務で活かすための テクニック

実務において視覚化を有効活用するためには、実行と共有が手早く簡単にできないといけません。本章では、グラフを手早く描き、簡単かつ効果的に共有するテクニックを紹介します。

本章で使用するNotebookの種類と内容

本章で使用するNotebookは、次の通りです。

Notebook	dataset	データ内容
Pythonで視覚化[Multi編].ipnyb	Boston_housing :regression	1970年代後半のアメリカにおけるボストン(ある区画)の住宅価格に関するデータ
Pythonで視覚化[Dataprep編].ipnyb	Loan_prediction :binary	ローン申請者情報とローン承認是非データ

Notebookのダウンロード先は5ページを参照してください。

Notebook 「Pythonで視覚化[Multi編].ipnyb」について

Pythonで描くことができる**グラフの組み合わせは「データの種類(回帰/分類)」×「ライブラリ」×「グラフの種類」**となります。多様なバラエティは「視覚化」の助けになりますが、コードの組み合わせは(筆者の場合)記憶を頼りにできる範囲を超えていますので、グラフを描くたびにコード体系を確認するというパターンに陥ると手早くとはいかなくなります。過去の実行コードを流用するという手もありますが、個別事案に合わせて描いたグラフは修正もそれなりにかかるので、これも手早くとはいかなくなります。

このことから、**最低限の要素に絞った基本的なグラフ描画コードを準備しておく**と、事前の確認や都度の修正を減らすことにつなげることができます。

「Pythonで視覚化[Multi編].ipnyb」は、「よく利用するグラフの基本的なグラフ描画コードをあらかじめセット」したNotebookです。

グラフを描く際は、次の点を確認します。

- 目的変数は分類か、回帰か
- データは量的変数か、カテゴリー変数か

これらを確認しつつ、データ全体を把握し、目的変数に関連する要素の探索を進めるため、**何で層別したいか**などを考慮の上、どのような「視覚化」行うかを検討します。

データがどのような変数で構成されているかによって描くグラフを選択するので、変数とグラフとライブラリの関係が一目でわかるものがあると便利です。

次ページの図は、Notebook「Pythonで視覚化[Multi編].ipnyb」で実行できる**「変数とグラフとライブラリの組み合わせ表」**です[1]。

この表の行列記号(行:1、2、3、…、列:A、B、C、…)を、Notebook「Pythonで視覚化[Multi編].ipnyb」の実行セルに表記し、描きたいグラフのセルがわかるようにしています。表記の例は次の通りです。

- [A1]なら、[A1]pairplot(分類問題)
- [D5]なら、[D5]seaborn 重ね合わせヒストグラム

本章では、このNotebookを使って、グラフを描きます。使用するデータセットは、scikit-leanという機械学習ライブラリで用意されている「Boston_housing: regression」データセットです。

[1]:紙面の都合上、細部が読めない可能性があります。もとの画像は5ページにも記載しているURLの「https://qiita.com/hima2b4/private/4026db605a5b7a4724e2」で確認できます。

	A seaborn-analyzer	B pandas(matplotlib)	C pandas-bokeh	D seaborn	E plotnine	グラフ名	指定変数
1	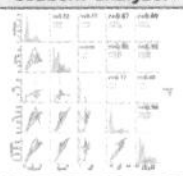					Pairplot (分類問題)	データセット×1 目的変数×1
2						Pairplot (回帰問題)	データセット×1
3		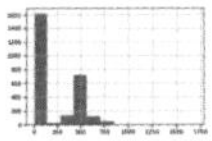	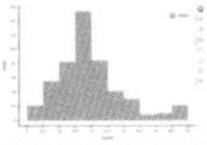	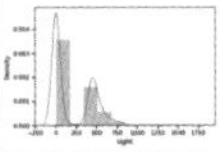	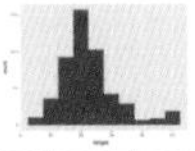	ヒストグラム	量的変数×1
4		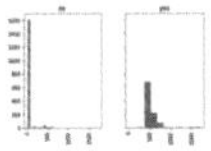		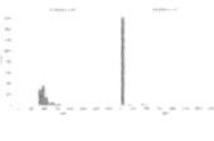	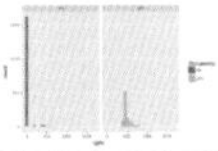	横並び ヒストグラム	量的変数×1 カテゴリー変数×1
5				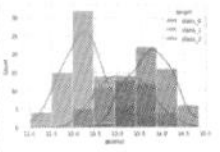	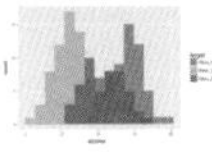	重ね合わせ ヒストグラム	量的変数×1 カテゴリー変数×1
6		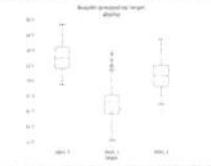		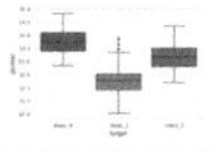	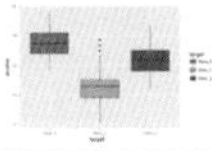	箱ひげ図	量的変数×1 カテゴリー変数×1
7		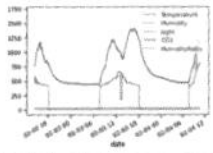	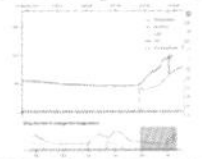			折れ線	時系列変数×1 量的変数×n
8		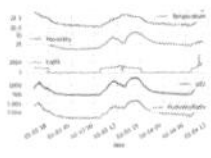				縦並び 折れ線	時系列変数×1 量的変数×n
9				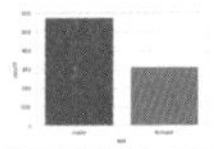		棒グラフ	質的変数×1
10				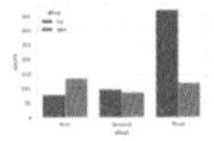		カテゴリー別 棒グラフ	質的変数×1 カテゴリー変数×1
11		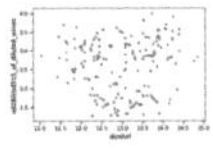	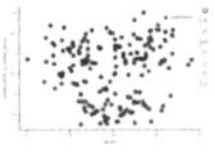	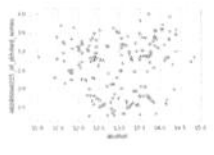		散布図	量的変数×2
12			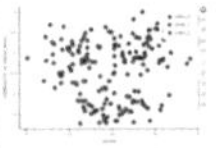	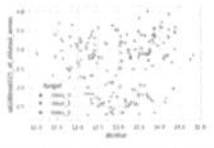	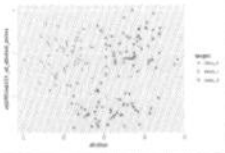	層別散布図	量的変数×2 層別変数（カテゴリー変数）×1
			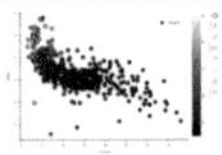	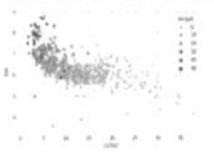	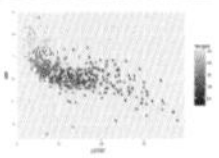		量的変数×2 層別変数（量的変数）×1
13					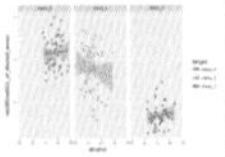	横並び散布図	量的変数×2 カテゴリー変数×1
14				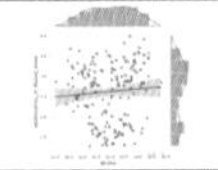		Joint-plot	量的変数×2
15				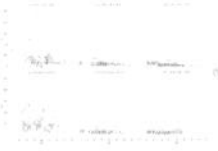	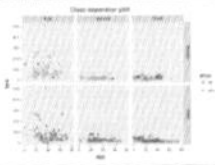	Class separator plot	量的変数×2 層別変数×1 カテゴリー変数×2

「Boston_housing: regression」データセットについて

「Boston_housing: regression」データセットは、1970年代後半のアメリカにおけるボストン（ある区画）の住宅価格に関するデータです。「町の犯罪率」や「区画が川に隣接しているか」、「平均部屋数」、「川や高速道路へのアクセス」などの13個の説明変数と「住宅価格」という目的変数で構成されています。

- データ項目（特徴量）
  - CRIM（町別の犯罪率）
  - ZN（広い家の割合）
  - INDUS（町別の非小売業の割合）
  - CHAS（区画が川に隣接 :隣接1、そうでない場合は0）
  - NOX（一酸化窒素濃度 :0.1ppm）
  - RM（1戸当たりの平均部屋数）
  - AGE（1940年より前に建てられた持ち家の割合）
  - DIS（5つある雇用センターまでの加重距離）
  - RAD（主要高速道路へのアクセス性）
  - TAX（固定資産税率）
  - PTRATIO（町別の生徒と先生の比率）
  - B（町ごとの黒人の割合）
  - LSTAT（低所得者人口の割合）
- ターゲット（目的変数）
  - target（住宅価格）

Notebookの起動と実行

「Pythonで視覚化[Multi編].ipnyb」をダウンロードし、Notebookを起動します。Notebookのダウンロードについては、5ページを参照してください。

Notebookを起動した後、「1.インストール」の▶をクリックします（インストールが実行されます）。

「2.データセット読込み」の「Select_Dataset」セルのドロップダウンメニュー（dataset:）で「Boston_housing: regression」を選択してから、「Load dataset」セルの▶をクリックします（データセットが読み込まれます）。

データセットを読み込むと、下図のように表示されます。

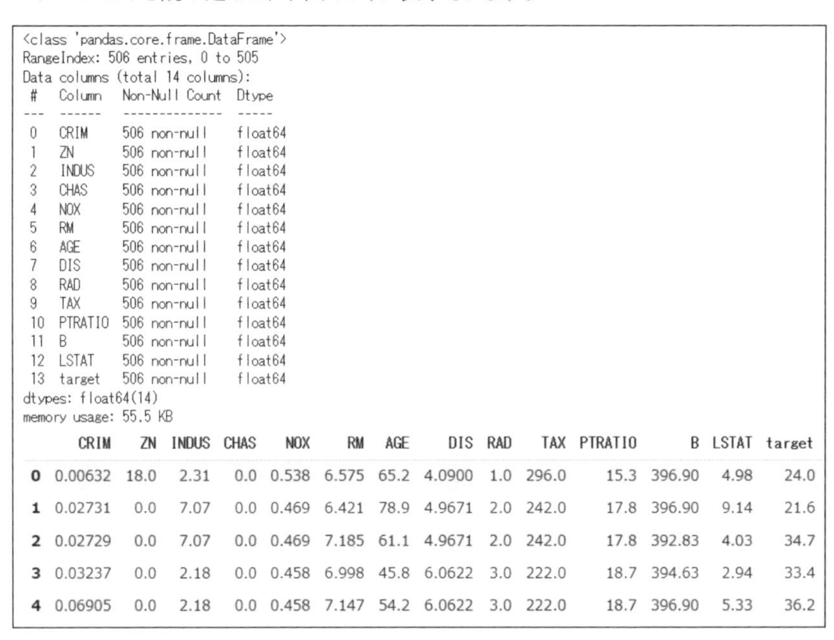

```
<class 'pandas.core.frame.DataFrame'>
RangeIndex: 506 entries, 0 to 505
Data columns (total 14 columns):
 #   Column   Non-Null Count  Dtype
---  ------   --------------  -----
 0   CRIM     506 non-null    float64
 1   ZN       506 non-null    float64
 2   INDUS    506 non-null    float64
 3   CHAS     506 non-null    float64
 4   NOX      506 non-null    float64
 5   RM       506 non-null    float64
 6   AGE      506 non-null    float64
 7   DIS      506 non-null    float64
 8   RAD      506 non-null    float64
 9   TAX      506 non-null    float64
 10  PTRATIO  506 non-null    float64
 11  B        506 non-null    float64
 12  LSTAT    506 non-null    float64
 13  target   506 non-null    float64
dtypes: float64(14)
memory usage: 55.5 KB
```

	CRIM	ZN	INDUS	CHAS	NOX	RM	AGE	DIS	RAD	TAX	PTRATIO	B	LSTAT	target
0	0.00632	18.0	2.31	0.0	0.538	6.575	65.2	4.0900	1.0	296.0	15.3	396.90	4.98	24.0
1	0.02731	0.0	7.07	0.0	0.469	6.421	78.9	4.9671	2.0	242.0	17.8	396.90	9.14	21.6
2	0.02729	0.0	7.07	0.0	0.469	7.185	61.1	4.9671	2.0	242.0	17.8	392.83	4.03	34.7
3	0.03237	0.0	2.18	0.0	0.458	6.998	45.8	6.0622	3.0	222.0	18.7	394.63	2.94	33.4
4	0.06905	0.0	2.18	0.0	0.458	7.147	54.2	6.0622	3.0	222.0	18.7	396.90	5.33	36.2

上段の表示内容は、Boston_housing: regressionデータセットの概要です。

Columnはデータ項目です。「CRIM」「ZN」「INDUS」「CHAS」「NOX」「RM」「AGE」「DIS」「RAD」「TAX」「PTRATIO」「B」「LSTAT」「target」の14項目です。**Non-Null Count**は欠損のない数=データ数です。すべてのデータ項目数が506となっているので欠損データはありません。**Dtype**はデータの型です。すべての項目が「float64」(浮動小数点数)となっています。

下段の表示内容は、先頭5行データです。

まずは、データ全体を視覚化してみましょう。

「[A2]Pairplot_regression」セルの▶をクリックします。下図のグラフが表示されます。

r=-0.20 r=0.41 r=-0.06 r=0.42 r=-0.22 r=0.35 r=-0.38 r=0.63 r=0.58 r=0.29 r=-0.39 r=0.46 r=-0.39
r=-0.53 r=-0.04 r=-0.52 r=0.31 r=-0.57 r=0.66 r=-0.31 r=-0.31 r=-0.39 r=0.18 r=-0.41 r=0.36
r=0.06 r=0.76 r=-0.39 r=0.64 r=-0.71 r=0.60 r=0.72 r=0.38 r=-0.36 r=0.60 r=-0.48
r=0.09 r=0.09 r=0.09 r=-0.10 r=-0.01 r=-0.04 r=-0.12 r=0.05 r=-0.05 r=0.18
r=-0.30 r=0.73 r=-0.77 r=0.61 r=0.67 r=0.19 r=-0.38 r=0.59 r=-0.43
r=-0.24 r=0.21 r=-0.21 r=-0.29 r=-0.36 r=0.13 r=-0.61 r=0.70
r=-0.75 r=0.46 r=0.51 r=0.26 r=-0.27 r=0.60 r=-0.38
r=-0.49 r=-0.53 r=-0.23 r=0.29 r=-0.50 r=0.25
r=0.91 r=0.46 r=-0.44 r=0.49 r=-0.38
r=0.46 r=-0.44 r=0.54 r=-0.47
r=-0.18 r=0.37 r=-0.51
r=-0.37 r=0.33
r=-0.74
CRIM ZN INDUS CHAS NOX RM AGE DIS RAD TAX PTRATIO B LSTAT target

すべてのデータ項目の分布、データ項目間の散布図と相関係数が表示されています。「CHAS(区画が川に隣接しているかどうか、隣接は 1 、そうでない場合は 0)」のみ、変数の取る値が2種類以下(この場合は 0 と 1)であるため、散布図ではなく箱ひげ図が表示されています。これはseaborn-analyzer特有の機能です。

このpairplotから、次が読み取れます。

- 郊外に向かうほど、主要高速道路(RAD)や雇用センター(DIS)からは遠ざかり、1940年より前に建てられた持ち家の割合(AGE)は増えるが、空気(NOX)はきれい。
- 非小売業の割合(INDUS)が高いと、固定資産税率(TAX)は増える方向。非小売業の割合(INDUS)が高いほど、固定資産保有率が高いということになる。
- 低所得者人口の割合(LSTAT)が高くなると1戸当たりの平均部屋数(RM)は下がるという傾向も見られる。

▶層別散布図

　ここでは、「低所得者人口の割合(LSTAT)が高くなると1戸当たりの平均部屋数(RM)は下がる」という傾向が「住宅価格(target)」とどのように関係しているかについて層別散布図を描いてみます。

　「[C12]Stratified scatter-plot by target_pandas-bokeh」の「X_column_name:」に`'LSTAT'`、「y_column_name:」に`'RM'`、「Stratified_column_name:」に層別したい要素のデータ項目`'target'`を入力し、セルの▶をクリックすると、下図のように表示されます。

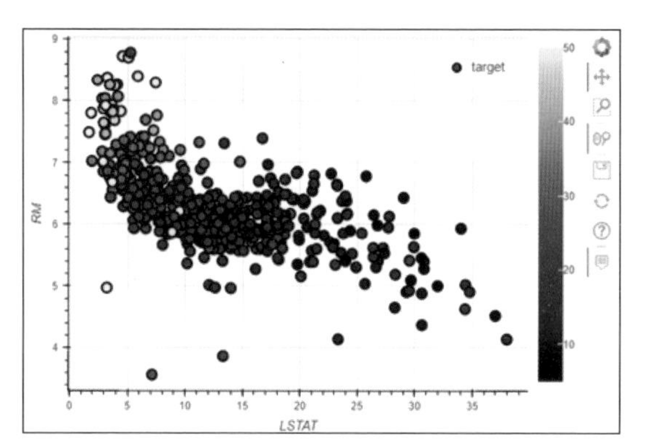

　この層別散布図を実行したコードは、CHAPTER 02で描いたコードとまったく同じですが、層別項目の「住宅価格(target)」は量的変数であるため、「住宅価格(target)」の値の違いがグラフ右側のカラーバーで表現されています。

　このグラフから、「平均部屋数(RM)」はおおよそ6部屋。7部屋以上になると「住宅価格(target)」は急激に高くなっていることがわかります。

　次に「[D12]Scatter-plot_seaborn」でも描いてみます。「X_column_name:」に`'LSTAT'`、「y_column_name:」に`'RM'`、「Stratified_column_name:」に層別したい要素のデータ項目`'target'`を入力し、セルの▶をクリックすると、下図のように表示されます。

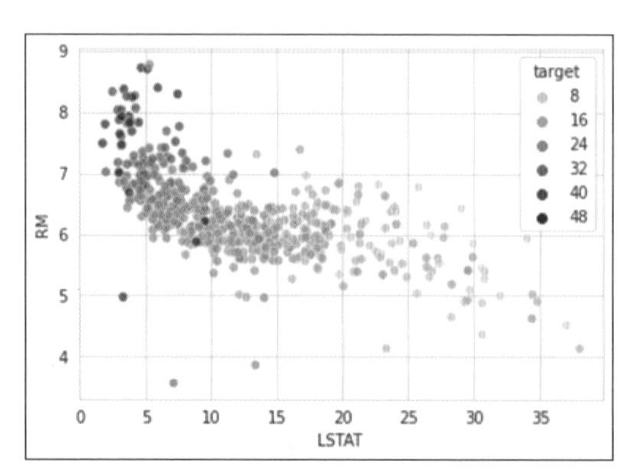

先ほどと同じデータですが、seabornで描くと量的変数はいくつかの水準に区分された表現となります。

次に、層別項目を別のデータ項目に変えてみます。pairplotで説明した通り、「CHAS」は、区画が川に隣接している場合は `1`、そうでない場合は `0`、というカテゴリーデータです。

ただ、データ型はfloat64（浮動小数点数）となっているので、Pythonは「`0`、`1`というカテゴリー数値を`0.0`～`1.0`という連続数値として認識している」ことになります。

この状態で、層別散布図を描くとどうなるか見てみます。先と同様に、「[C12]Stratified scatter-plot by target_pandas-bokeh」を使います。「X_column_name:」に`'LSTAT'`、「y_column_name:」に`'RM'`、「Stratified_column_name:」に層別したい要素のデータ項目`'CHAS'`を入力し、セルの▶をクリックすると、下図のように表示されます。

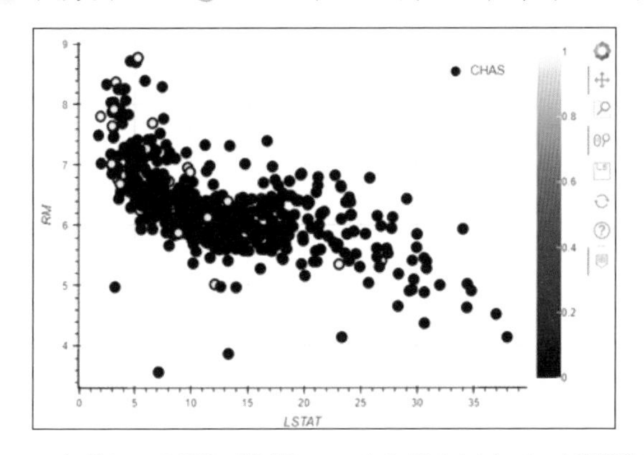

pandas-bokehは、「CHAS（川に隣接しているか否か）」をデータ型通り認識（この場合はfloat64）していることがわかります。

「[D12]Scatter-plot_seaborn」でも描いてみます。「X_column_name:」に`'LSTAT'`、「y_column_name:」に`'RM'`、「Stratified_column_name:」に層別したい要素のデータ項目`'CHAS'`を入力し、セルの▶をクリックすると、下図のように表示されます。

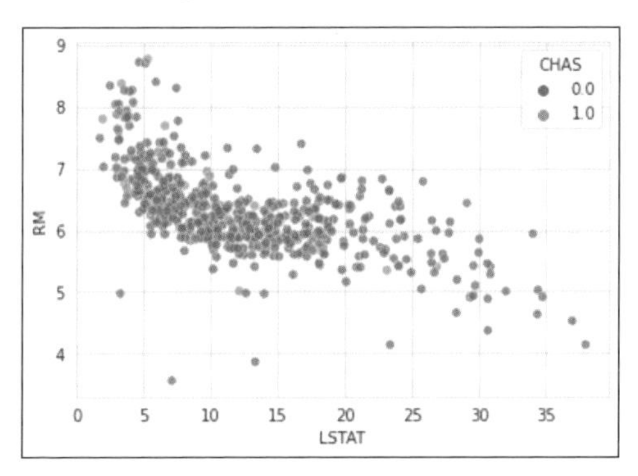

seabornは、連続数値(この場合は「float64」)を与えても、「0.0」と「1.0」にラベル区分しています。このように、層別表示はデータの型に依存することがあるので、この点は注意が必要です。

最後に「低所得者人口の割合(LSTAT)が高くなると1戸当たりの平均部屋数(RM)は下がる」という傾向を「CHAS(川に隣接しているか、隣接は1、そうでない場合は0」で区分し、「住宅価格(target)」で層別した散布図を描いてみました。

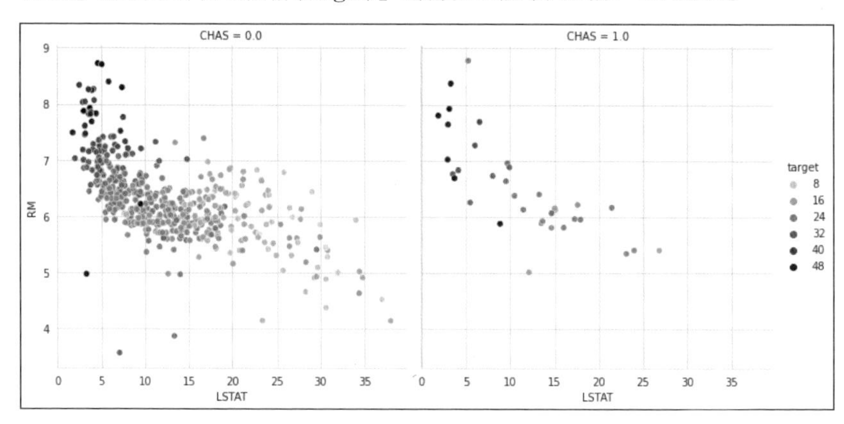

このグラフは、次の傾向が見られます。

- 中流階級は6部屋前後、上流階級は7部屋以上の住宅
- 川沿いの住宅は中流階級以上

1970年代後半のデータではありますが、「7部屋以上の川沿い」というのは、なんともうらましいですね。

上記グラフの実行コードは下記を参照してください(このコードはNotebookに含んでいませんが、[D15]の一部を変更するだけで実行できます)。

SAMPLE CODE

```
#@title [D15-2]class_separator_plot_seaborn

X_column_name = 'LSTAT'#@param {type:"raw"}
y_column_name = 'RM'#@param {type: "raw"}
Stratified_column_name =  'target'#@param {type:"raw"}
Col_column_name =  'CHAS'#@param {type:"raw"}

import seaborn as sns

sns.set_style('whitegrid') # スタイルの指定
sns.relplot(x= X_column_name, y= y_column_name, hue= Stratified_column_name,
col= Col_column_name, data=df);
```

「データ型」の変更について

下表は、代表的なデータ型を示したものです。

Pandas	Python	説明
object	str または mixed	文字もしくは文字と数値の混合
int64	int	整数
float64	float	浮動小数点数
bool	bool	True/False

データの型によって、グラフの描画スタイルが変わったり、正確に描けないこともあります。データ型の変更は、次の2つのケースを参考にしてください。

▶データ型の変更①

下記は『CHAS列を「bool」型(True/False)に変更する』コードです。`astype( )`に任意のデータ型を指定するだけです。整数に変更する場合は`astype('int')`、浮動小数点数に変える場合は`astype('float')`とします。

SAMPLE CODE

```
df['CHAS'] = df['CHAS'].astype('bool')

# データ情報
df.info(verbose=True)
# データ先頭5行
df.head()
```

このコードを実行すると、下図のように「CHAS」のデータ型は「bool」に変わります。

```
df['CHAS'] = df['CHAS'].astype('bool')
df.info(verbose=True)
df.head()

<class 'pandas.core.frame.DataFrame'>
RangeIndex: 506 entries, 0 to 505
Data columns (total 14 columns):
 #   Column   Non-Null Count  Dtype
---  ------   --------------  -----
 0   CRIM     506 non-null    float64
 1   ZN       506 non-null    float64
 2   INDUS    506 non-null    float64
 3   CHAS     506 non-null    bool
 4   NOX      506 non-null    float64
 5   RM       506 non-null    float64
 6   AGE      506 non-null    float64
 7   DIS      506 non-null    float64
 8   RAD      506 non-null    float64
 9   TAX      506 non-null    float64
 10  PTRATIO  506 non-null    float64
 11  B        506 non-null    float64
 12  LSTAT    506 non-null    float64
 13  target   506 non-null    float64
dtypes: bool(1), float64(13)
memory usage: 52.0 KB
```

	CRIM	ZN	INDUS	CHAS	NOX	RM	AGE	DIS	RAD	TAX	PTRATIO	B	LSTAT
0	0.00632	18.0	2.31	False	0.538	6.575	65.2	4.0900	1.0	296.0	15.3	396.90	4.98
1	0.02731	0.0	7.07	False	0.469	6.421	78.9	4.9671	2.0	242.0	17.8	396.90	9.14

「CHAS」をbool型に変更した後、pandas-bokehで層別散布図を描くと、下図のようにカテゴリー認識されたグラフ表示に変わります。

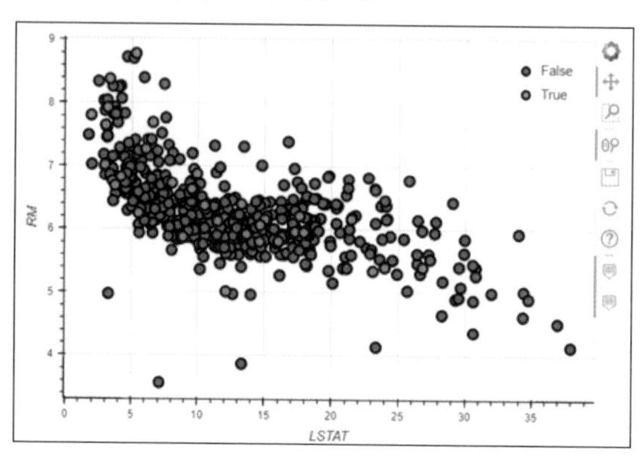

01
02
03
04
実務で活かすためのテクニック
05
06
A

▶データ型の変更②

Pythonに「日時データ」を認識させるためには、データ型を「datetime」に変更する必要があります。

CHAPTER 02では、「Occupancy_detection :binary」データセットで、横軸「date(日時分)」の折れ線グラフを描きました。これは、データセットを読み込むときにデータ型を変更しているからです。

データ型を「datetime」に変更するコードは次の通りです。

SAMPLE CODE

```
df['date'] = pd.to_datetime(df['date']) # [date]のデータ型をdatetime型に変更
```

Note

- 各ライブラリにはさまざまな引数があり、指定できるデータ型が引数ごとに決められています。
- カテゴリー項目や層別項目のデータ型が数値(floatなど)の場合、グラフの描画スタイルが変わったり、正しく実行できなかったりすることがあります。このようなときは、引数のデータ型を確認してください(seabornは、このような場合に困ることが少ないと筆者は感じています)。
- データに日時データがある場合は、上記のようにデータ型をdatetime型に変更してください。

「Pythonで視覚化[Multi編].jpynb」のコード

「Pythonで視覚化[Multi編].jpynb」のコードは、次の通りです。

▶「1.インストール」のコード

必要なライブラリをインストールするコードは次の通りです。

SAMPLE CODE

```
!pip install seaborn-analyzer  # seaborn-analyzerインストール
```

SAMPLE CODE

```
!pip install pandas-bokeh  # pandas-bokehインストール
```

SAMPLE CODE

```
# matplotlibの日本語化
!pip install japanize-matplotlib
```

SAMPLE CODE

```
import japanize_matplotlib  # matplotlib日本語化モジュールインポート
```

● 日本語化について

日本語化モジュールをインストールすることで、下図のように日本語で表示することができます。

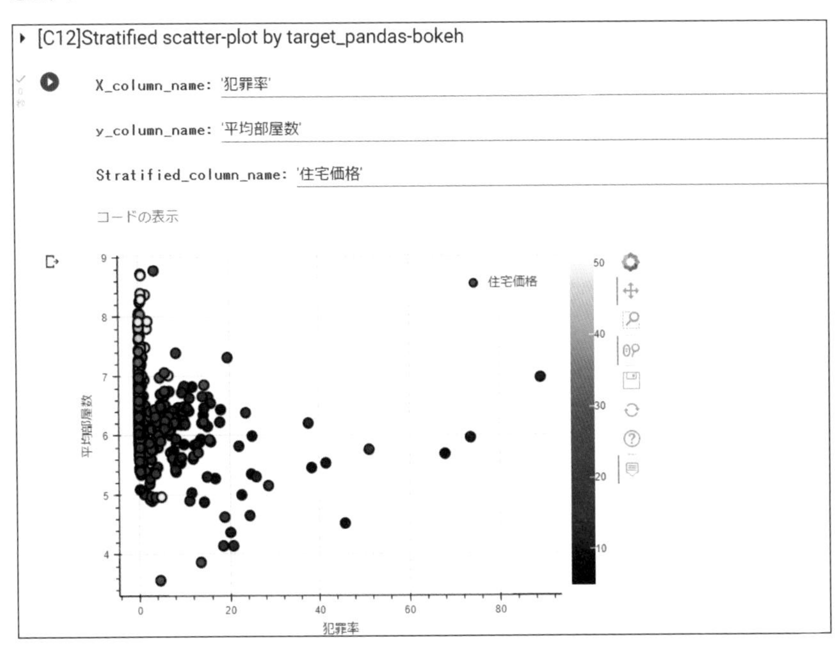

このモジュールのインストールにより、日本語表示が可能になるのは、seaborn-analyzer、Pandas(matplotlib)、pandas-bokeh、seabornです。

日本語表示ができない場合、筆者はGoogle transによる自動英訳を実装し、対応しています(これが手早いからです)。この方法は次章で解説します。

▶「2.データセット読込み」のコード

各種データセットの読み込みを行うコードは次の通りです。

SAMPLE CODE

```
#@title Select_Dataset { run: "auto" }
#@markdown  **<font color= "Crimson">注意</font>:かならず 実行する前に 設定
してください。**</font>

dataset = 'Loan_prediction :binary' #@param ['Boston_housing :regression',
'Diabetes :regression', 'Breast_cancer :binary','Titanic :binary',
'Titanic(seaborn) :binary', 'Iris :classification', 'Loan_prediction
:binary','wine :classification', 'Occupancy_detection :binary', 'Upload']
```

SAMPLE CODE

```
#@title Load dataset

# ライブラリのインポート
import numpy as np     # 数値計算ライブラリ
import pandas as pd    # データを効率的に扱うライブラリ
import seaborn as sns # 視覚化ライブラリ
import warnings        # 警告を表示させないライブラリ
warnings.simplefilter('ignore')

'''
dataset(ドロップダウンメニュー)で選択したデータセットを読み込み、データフ
レーム(df)に格納。
目的変数は、データフレームの最終列とし、FEATURES、TARGET、X、yを指定した後、デー
タフレーム
に関する情報と先頭5列を表示。
任意のcsvデータを読み込む場合は、datasetで'Upload'を選択。

'''

# 任意のCSVデータ読み込みおよびデータフレーム格納、
if dataset =='Upload':
  from google.colab import files
  uploaded = files.upload()# Upload
  target = list(uploaded.keys())[0]
```

▼

```
  df = pd.read_csv(target)

# Diabetesデータセットの読み込みおよびデータフレーム格納
elif dataset == "Diabetes :regression":
  from sklearn.datasets import load_diabetes
  diabetes = load_diabetes()
  df = pd.DataFrame(diabetes.data, columns = diabetes.feature_names)
  df['target'] = diabetes.target

# Breast_cancerデータセットの読み込みおよびデータフレーム格納
elif dataset == "Breast_cancer :binary":
  from sklearn.datasets import load_breast_cancer
  breast_cancer = load_breast_cancer()
  df = pd.DataFrame(breast_cancer.data, columns = breast_cancer.feature_
names)
  # df['target'] = breast_cancer.target  # 目的変数をカテゴリー数値とするとき
  df['target'] = breast_cancer.target_names[breast_cancer.target]

# Titanicデータセットの読み込みおよびデータフレーム格納
elif dataset == "Titanic :binary":
  data_url = "https://raw.githubusercontent.com/datasciencedojo/datasets/
master/titanic.csv"
  df = pd.read_csv(data_url)
  # 目的変数Survivedをデータフレーム最終列に移動
  X = df.drop(['Survived'], axis=1)
  y = df['Survived']
  df = pd.concat([X, y], axis=1)    # X,yを結合し、dfに格納

# Titanic(seaborn)データセットの読み込みおよびデータフレーム格納
elif dataset == "Titanic(seaborn) :binary":
  df = sns.load_dataset('titanic')
  # 重複データをカットし、目的変数aliveをデータフレーム最終列に移動
  X = df.drop(['survived','pclass','embarked','who','adult_male','alive'],
axis=1)
  y = df['alive']                   # 目的変数データ
  df = pd.concat([X, y], axis=1)    # X,yを結合し、dfに格納

# irisデータセットの読み込みおよびデータフレーム格納
elif dataset == "Iris :classification":
  from sklearn.datasets import load_iris
  iris = load_iris()
  df = pd.DataFrame(iris.data, columns = iris.feature_names)
  # df['target'] = iris.target  # 目的変数をカテゴリー数値とするとき
```

```
  df['target'] = iris.target_names[iris.target]

# wineデータセットの読み込みおよびデータフレーム格納
elif dataset == "wine :classification":
  from sklearn.datasets import load_wine
  wine = load_wine()
  df = pd.DataFrame(wine.data, columns = wine.feature_names)
  # df['target'] = wine.target  # 目的変数をカテゴリー数値とするとき
  df['target'] = wine.target_names[wine.target]

# Loan_predictionデータセットの読み込みおよびデータフレーム格納
elif dataset == "Loan_prediction :binary":
  data_url = "https://github.com/shrikant-temburwar/Loan-Prediction-Dataset/
raw/master/train.csv"
  df = pd.read_csv(data_url)

# Occupancy_detectionデータセットの読み込みおよびデータフレーム格納
elif dataset =='Occupancy_detection :binary':
  data_url = 'https://raw.githubusercontent.com/hima2b4/Auto_Profiling/main/
Occupancy-detection-datatest.csv'
  df = pd.read_csv(data_url)
  df['date'] = pd.to_datetime(df['date'])    # [date]のデータ型をdatetime型
に変更

# Bostonデータセットの読み込みおよびデータフレーム格納
else:
  from sklearn.datasets import load_boston
  boston = load_boston()
  df = pd.DataFrame(boston.data, columns = boston.feature_names)
  df['target'] = boston.target

# FEATURES、TARGET、X、yを指定
FEATURES = df.columns[:-1]    # 説明変数のデータ項目を指定
TARGET = df.columns[-1]       # 目的変数のデータ項目を指定
X = df.loc[:, FEATURES]       # FEATURESのすべてのデータをXに格納
y = df.loc[:, TARGET]         # TARGETのすべてのデータをyに格納

# データフレーム表示
df.info(verbose=True)         # データフレーム情報表示(verbose=Trueで表示数
制限カット)
df.head()                     # データフレーム先頭5行表示
```

SAMPLE CODE

```
#@title [A1]Pairplot_classification

from seaborn_analyzer import CustomPairPlot

cp = CustomPairPlot()
cp.pairanalyzer(df, hue=TARGET)
```

SAMPLE CODE

```
#@title [A2]Pairplot_regression

from seaborn_analyzer import CustomPairPlot

cp = CustomPairPlot()
cp.pairanalyzer(df)
```

SAMPLE CODE

```
#@title **データ項目一覧**
#@markdown **※データ項目一覧を表示します。以後のデータ項目の入力は、表示さ
れた項目をコピーアンドペーストすると確実です。**
print('データ項目名 :',df.columns.values)
```

▶「3.視覚化」のコード

各種グラフ描画を実行するコードです。各コードタイトルの「記号」（例：[B3]）は「変数とグラフとライブラリの組み合わせ表」と対応付けているので、必要に応じて確認してください。

●ヒストグラム

下記はヒストグラムを描画するコードです。

SAMPLE CODE

```
#@title  [B3]Histgram_pandas(matplotlib)

Column_name =  'Light'#@param {type:"raw"}
bins_number_slider = 12 #@param {type:"slider", min:5, max:20, step:1}

import math
print('------------------------------------------------------------')
print('階級数(スタージェスの公式) :',round(1 + math.log2(len(df))))
print('------------------------------------------------------------')

df.hist(Column_name, bins=bins_number_slider);
# df[Column_name].hist(bins=bins_number_slider);  # 異なる記述方法①
# df[Column_name].plot.hist();      # 異なる記述方法②
```

SAMPLE CODE

```
#@title  [C3]Histgram_pandas-bokeh

Column_name =  'Light'#@param {type:"raw"}
bins_number_slider = 10 #@param {type:"slider", min:5, max:20, step:1}

import math
print('------------------------------------------------------------')
print('階級数(スタージェスの公式):',round(1 + math.log2(len(df))))
print('------------------------------------------------------------')

import pandas_bokeh
pandas_bokeh.output_notebook()

df[Column_name].plot_bokeh(kind="hist",bins=bins_number_slider)
```

SAMPLE CODE

```
#@title  [D3]Histgram_seaborn

Column_name =  'Light'#@param {type:"raw"}
bins_number_slider = 10 #@param {type:"slider", min:5, max:20, step:1}

import math
print('------------------------------------------------------------')
print('階級数(スタージェスの公式):',round(1 + math.log2(len(df))))
print('------------------------------------------------------------')

import seaborn as sns
sns.set_style('whitegrid') # スタイルの指定
sns.set(font='IPAexGothic')
sns.distplot(df[Column_name],bins = bins_number_slider,kde=True);
```

SAMPLE CODE

```
#@title  [E3]Histgram_plotnine
from plotnine import *

Column_name =  'target'#@param {type:"raw"}
bins_number_slider = 10 #@param {type:"slider", min:5, max:20, step:1}

import math
print('------------------------------------------------------------')
print('階級数(スタージェスの公式):',round(1 + math.log2(len(df))))
print('------------------------------------------------------------')
```

```
(ggplot(df, aes(Column_name))+ geom_histogram(bins = bins_number_slider))
```

● 横並びヒストグラム

下記は横並びヒストグラムを描画するコードです。

SAMPLE CODE

```
#@title  [B4]Histogram for each target variable_pandas(matplotlib)

Column_name =  'Light'#@param {type:"raw"}
Category_column_name =  'Occupancy'#@param {type:"raw"}

df.hist(Column_name,by=df[Category_column_name],sharex=True, sharey=True);
# df[Column_name].hist(by=df[Category_column_name],sharex=True, sharey=True);
# 異なる記述方法
```

SAMPLE CODE

```
#@title  [D4]Histogram for each target variable_seaborn

Column_name =  'Light'#@param {type:"raw"}
Category_column_name =  'Occupancy'#@param {type:"raw"}

import seaborn as sns
sns.set_style('whitegrid') # スタイルの指定
sns.set(font='IPAexGothic')
sns.displot(x= Column_name, col= Category_column_name, data=df);
```

SAMPLE CODE

```
#@title [E4]Histogram for each target variable_plotnine
Column_name =  'Light'#@param {type:"raw"}
Category_column_name =  'Occupancy'#@param {type:"raw"}

from plotnine import *

(ggplot(df, aes(x = Column_name, fill = Category_column_name))
 + geom_histogram()
 + facet_wrap(Category_column_name))
```

● 重ね合わせヒストグラム

下記は重ね合わせヒストグラムを描画するコードです。

SAMPLE CODE

```
#@title  [D5]Stratified histogram by category_seaborn

Column_name =  'alcohol'#@param {type:"raw"}
Category_column_name =  'target'#@param {type:"raw"}
bins_number_slider = 8 #@param {type:"slider", min:5, max:20, step:1}

import math
print('------------------------------------------------------------')
print('階級数(スタージェスの公式):',round(1 + math.log2(len(df))))
print('------------------------------------------------------------')

import seaborn as sns
sns.set_style('whitegrid') # style指定
sns.set(font='IPAexGothic')
sns.histplot(x= Column_name, hue= Category_column_name, bins = bins_number_
slider, kde=True, data=df);
```

SAMPLE CODE

```
#@title [E5]Stratified histogram by category_plotnine

Column_name =  'alcohol'#@param {type:"raw"}
Category_column_name =  'target'#@param {type:"raw"}
bins_number_slider = 15 #@param {type:"slider", min:5, max:20, step:1}

from plotnine import *

(ggplot(df, aes(Column_name, fill = Category_column_name))
 + geom_histogram(bins = bins_number_slider, position = "identity", alpha =
0.7))
```

● 箱ひげ図

下記は箱ひげ図を描画するコードです。

SAMPLE CODE

```
#@title [B6]Stratified box-plot by category_pandas(matplotlib)

Column_name =  'alcohol'#@param {type:"raw"}
Category_column_name =  'target'#@param {type:"raw"}

df.boxplot(column=[Column_name],by=Category_column_name,figsize=(6,5.5));
```

SAMPLE CODE

```
#@title [D6]Stratified box-plot by category_seaborn

Column_name =  'alcohol'#@param {type:"raw"}
Category_column_name =  'target'#@param {type:"raw"}

import seaborn as sns

sns.set_style('whitegrid')  # スタイルの指定
sns.set(font='IPAexGothic')
sns.boxplot(x=Category_column_name, y=Column_name, data=df);
```

SAMPLE CODE

```
#@title [E6]Stratified box-plot by category_plotnine

Column_name =  'alcohol'#@param {type:"raw"}
Category_column_name =  'target'#@param {type:"raw"}

from plotnine import *

(ggplot(df, aes(Category_column_name, Column_name, fill = Category_column_
name))
 + geom_boxplot())
```

● 折れ線グラフ

下記は折れ線グラフを描画するコードです。

SAMPLE CODE

```
#@title [B7]Line-plot_pandas(matplotlib)

X_column_name =  'date'#@param {type:"raw"}

# df.plot(x = X_column_name);
df.plot(kind='line', x = X_column_name);
```

SAMPLE CODE

```
#@title [C7]Line-plot with rangetool_pandas-bokeh

X_column_name =  'date'#@param {type:"raw"}

import pandas_bokeh
pandas_bokeh.output_notebook()

df.plot_bokeh(x = X_column_name,rangetool=True)
```

●縦並び折れ線グラフ

下記は縦並び折れ線グラフを描画するコードです。

SAMPLE CODE

```
#@title [B8]Line-plot(subplot)_pandas(matplotlib)

X_column_name =  'date'#@param {type:"raw"}

df.plot(kind='line',x= X_column_name, subplots= True,
        # figsize= (6,6),
        # title='pandas subplots',
        # grid=True,
        # colormap='Accent',
        # alpha=0.5
        );
```

●棒グラフ

下記は棒グラフを描画するコードです。

SAMPLE CODE

```
#@title [D9]bar-plot_seaborn
Column_name =  'sex'#@param {type:"raw"}

import seaborn as sns

sns.set_style('whitegrid') # style指定
sns.set(font='IPAexGothic')
sns.countplot(x=Column_name, data=df);
```

●カテゴリー別の棒グラフ

下記はカテゴリー別の棒グラフを描画するコードです。

SAMPLE CODE

```
#@title [D10]bar-plot_seaborn
Column_name =  'class'#@param {type:"raw"}
Category_column_name =  'alive'#@param {type:"raw"}

import seaborn as sns

sns.set_style('whitegrid') # style指定
sns.set(font='IPAexGothic')
sns.countplot(x=Column_name, hue=Category_column_name,data=df);
```

● 散布図

下記は散布図を描画するコードです。

SAMPLE CODE

```
#@title [B11]Scatter-plot_pandas(matplotlib)

X_column_name =  'alcohol'#@param {type:"raw"}
y_column_name =  'od280/od315_of_diluted_wines'#@param {type:"raw"}

# df.plot.scatter(x=X_column_name, y=y_column_name);
df.plot(kind='scatter',x=X_column_name, y=y_column_name);
```

SAMPLE CODE

```
#@title [C11]Stratified scatter-plot by target_pandas-bokeh

X_column_name =  'alcohol'#@param {type:"raw"}
y_column_name =  'od280/od315_of_diluted_wines'#@param {type:"raw"}

import pandas_bokeh
pandas_bokeh.output_notebook()

df.plot_bokeh(kind='scatter',x=X_column_name,y=y_column_name)
```

● 層別散布図

下記は層別散布図を描画するコードです。

SAMPLE CODE

```
#@title [C12]Stratified scatter-plot by target_pandas-bokeh

X_column_name =  'alcohol'#@param {type:"raw"}
y_column_name =  'od280/od315_of_diluted_wines'#@param {type:"raw"}
Stratified_column_name =  'target'#@param {type:"raw"}

import pandas_bokeh
pandas_bokeh.output_notebook()

# df.plot_bokeh(kind='scatter',x=X_column_name,y=y_column_name,category=
"target")
df.plot_bokeh(kind='scatter',x=X_column_name,y=y_column_name,category=Stratified
_column_name)
```

SAMPLE CODE

```
#@title [D12]Scatter-plot_seaborn

X_column_name =  'alcohol'#@param {type:"raw"}
y_column_name =  'od280/od315_of_diluted_wines'#@param {type:"raw"}
Stratified_column_name =  'target'#@param {type:"raw"}

import seaborn as sns

sns.set_style('whitegrid') # スタイルの指定
sns.set(font='IPAexGothic')
sns.scatterplot(x=X_column_name, y=y_column_name, data=df,
alpha=0.7, hue=Stratified_column_name);
```

SAMPLE CODE

```
#@title [E12]Stratified scatter-plot by target_plotnine

X_column_name =  'alcohol'#@param {type:"raw"}
y_column_name =  'od280/od315_of_diluted_wines'#@param {type:"raw"}
Stratified_column_name =  'target'#@param {type:"raw"}

from plotnine import *

(ggplot(df, aes(x=X_column_name, y=y_column_name, color= Stratified_column_
name))
 +geom_point())
```

● 横並び散布図

下記は横並び散布図を描画するコードです。

SAMPLE CODE

```
#@title [E13]Scatter-plot for each target variable with linear regression_
plotnine

X_column_name =  'alcohol'#@param {type:"raw"}
y_column_name =  'od280/od315_of_diluted_wines'#@param {type:"raw"}
Stratified_column_name =  'target'#@param {type:"raw"}

from plotnine import *

(ggplot(df, aes(x=X_column_name, y=y_column_name, color = Stratified_column_
name))
 + geom_point()
```

```
+ stat_smooth(method='lm')
+ facet_wrap(Stratified_column_name))
```

● Joint-plot

下記はJoint-plotを描画するコードです。

SAMPLE CODE

```
#@title [D14]Joint-plot_seaborn

X_column_name =  'alcohol'#@param {type:"raw"}
y_column_name =  'od280/od315_of_diluted_wines'#@param {type:"raw"}

# 視覚化ライブラリのインポート
import seaborn as sns
# import matplotlib.pyplot as plt

sns.set_style('whitegrid') # スタイルの指定
sns.jointplot(data=df, x=X_column_name, y=y_column_name,
              kind="reg", line_kws={"color":"red"});
```

● Class separater plot

下記はClass separater plotを描画するコードです。

SAMPLE CODE

```
#@title [D15]class_separator_plot_seaborn

X_column_name = 'age'#@param {type:"raw"}
y_column_name = 'fare'#@param {type: "raw"}
Stratified_column_name =  'alive'#@param {type:"raw"}
Col_column_name =  'class'#@param {type:"raw"}
Row_column_name =  'sex'#@param {type:"raw"}

import seaborn as sns

sns.set_style('whitegrid') # スタイルの指定
sns.set(font='IPAexGothic')
sns.relplot(x= X_column_name, y= y_column_name, hue= Stratified_column_name,
col= Col_column_name, row= Row_column_name, data=df);
```

SAMPLE CODE

```
#@title [E15]class_separator_plot_plotnine

X_column_name = 'age'#@param {type:"raw"}
y_column_name = 'fare'#@param {type: "raw"}
Stratified_column_name =  'alive'#@param {type:"raw"}
facet = 'sex~class'#@param {type: "raw"}

from plotnine import *
(
    ggplot(df)
#     + facet_grid(facets  ="sex~alone")
    + facet_grid(facets = facet) # facetは'sex~class'のように記述
    + aes(x= X_column_name, y= y_column_name, color=Stratified_column_name)
    + labs(
        x= X_column_name,
        y= y_column_name,
        title="Class separator plot",
    )
    + geom_point()
)
```


||| データやNotebookの共有について

データやNotebookの共有には、次のようなアプローチがあります。データ分析の目的や場面に応じ、使い分けてください。

▶グラフ画像の保存

Notebookで描画したグラフは、グラフを右クリックして表示されるメニューから[画像をコピー]、もしくは[名前を付けて画像を保存]によって、他のレポートへの貼り付けなどが可能です。

pandas-bokehで描画したグラフは、グラフ右の「Save」ボタン(フロッピーディスクマークのアイコン)をクリックすることで画像を保存することができます。

▶Notebook(拡張子「.ipynb」)の保存とアップロード

作成したNotebookは、[ファイル]メニューから[ダウンロード]→[.ipynbをダウンロード]でPCに保存できます。

第三者から受け取ったNotebookを起動することもできます。Google Driveにアクセスし、[マイドライブ]ドロップダウンリストから[ファイルのアップロード]を選択して、「.ipynb」ファイルをアップロードした後、マイドライブに保存されたNotebook(.ipynb)をクリックすると起動します。

▶ GitHubへのNotebookのアップロードについて

Notebookは、[ファイル]メニューから[Githubにコピーを保存]を選択することでGitHubに保存することができます(GitHubに保存する場合はサインアップを行ってください)。

また、GitHubにアップロードしたNotebook(.ipynb)は、Google Colabで自動起動させることができます(本書で使用するNotebookは、この方法で共有しています)。

Note

- 本書では、筆者がよく使うグラフをピックアップしています(「変数とグラフとライブラリの組み合わせ」の空白箇所はグラフが描けないということではありません)。
- 「使用するライブラリは一括でインストールし、読み込みデータの処理を汎用化」しておけば、本書で取り上げていないグラフの追加実行も比較的容易だと思います。詳細な変更や他のグラフを描く際は、公式を確認するようにしてください。

SECTION-015

データプロファイリングレポート

ここまでは、データ項目数やデータ型、欠損値などを確認し、データ全体を眺め、傾向やデータ間の関係性などを確認しながら、試行錯誤しつつ、探索的にデータの確認を進めました。

こうした一連の作業は、**探索的データ分析(Exploratory Data Analysis : EDA)**と呼ばれています。**データ分析は、この探索的データ分析とその後の前処理作業が大半を占める**ので、これら一連の作業の効率化はとても重要です。

本節では、EDAを支援するライブラリを紹介します。

Pythonによる「Semi Auto EDA」

Pythonには「Semi Auto EDA」と称されるライブラリが多数あります。

わずかなコードで、すべてのデータ項目の統計量、欠損値、相関関係、ヒストグラムや散布図などの主要グラフをひとまとめにしたデータプロファイリングレポートが作成されます。

「悪いけど、すぐにこのデータまとめてくれ」
(って…データ項目いくつあるか、わかってます?!)

こういうときでも、数分あれば大丈夫という、とても頼りになるライブラリです。

Dataprep

Dataprepは、探索的データ分析(EDA)のためのライブラリです。「インタラクティブ操作が可能なデータプロファイリングレポート」を作成することができ、HTMLファイルとして出力することもできるので、データの共有においても非常に有効です。

URL https://docs.dataprep.ai/user_guide/eda/introduction.html#userguide-eda

次ページにてDataprepを実行します。使用するデータセットは、「Loan_prediction :binary」データセットです。

データセットについて

「Loan_prediction :binary」データセットは、住宅ローンを取り扱う会社が管理する「ローン申請者の情報」と「ローン承認の是非」がセットになったデータです。ローン申請者の情報は、「ID」「性別」「既婚」「学歴」「扶養家族」「収入」「ローン額」「信用情報」など、全12項目の特徴量、目的変数は「ローンが承認されたか否か」を示す2値項目(Y/N)で構成されたデータです。

- データ項目(特徴量)
  - Loan_ID(ID)
  - Gender(性別 :Male/Female)
  - Married(既婚 :Y/N)
  - Dependents(扶養家族数)
  - Education(学歴 :Gradutate/Ungraduate)
  - Self_Employed(自営業 :Y/N)
  - ApplicantIncome(申請者の収入)
  - CoapplicantIncome(共同申請者の収入)
  - Loan_Amount(ローン額)
  - Loan_Amount_Term(ローン期間 :月)
  - Credit_History(信用情報 :0/1)
  - Property area(物件地域 :都市部、準都市部、農村部)
- ターゲット(目的変数)
  - Loan_status(ローン承認 :Y/N)

Notebookの起動とDataprepの実行

まず、Notebookをダウンロードし、データセットを読み込みます。

「Pythonで視覚化[Dataprep編].ipnyb」をダウンロードし、Notebookを起動します。Notebookのダウンロードについては、5ページを参照してください。

Notebookを起動した後、「1.インストール」の▶をクリックします(インストールが実行されます)。

「2.データセット読込み」の「Select_Dataset」セルのドロップダウンメニュー(dataset:)で「Loan_prediction :binary」を選択してから、「Load dataset」セルの▶クリックします(データセットが読み込まれます)。

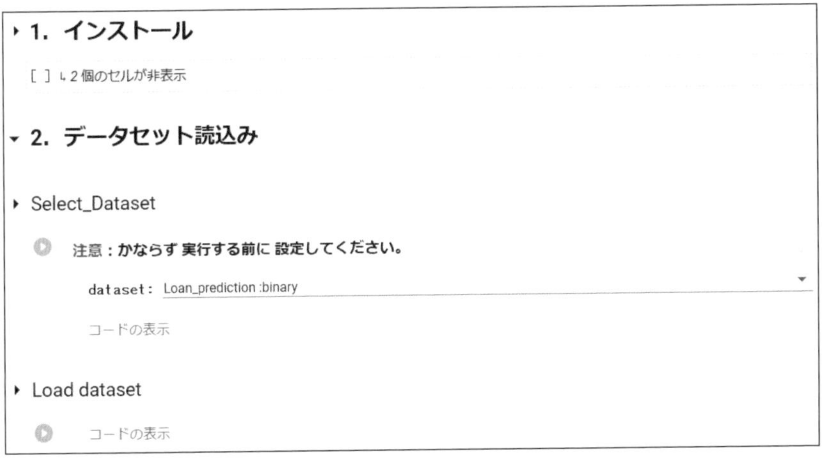

▸ 1. インストール

[ ] ↳ 2 個のセルが非表示

▾ 2. データセット読込み

▸ Select_Dataset

▶ 注意 : かならず 実行する前に 設定してください。

dataset : Loan_prediction :binary

コードの表示

▸ Load dataset

▶ コードの表示

データセットを読み込むと、下図のように表示されます。

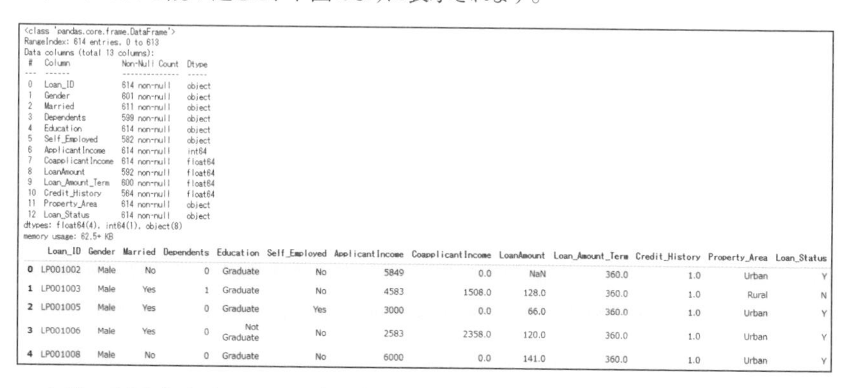

```
<class 'pandas.core.frame.DataFrame'>
RangeIndex: 614 entries, 0 to 613
Data columns (total 13 columns):
 #   Column             Non-Null Count  Dtype
---  ------             --------------  -----
 0   Loan_ID            614 non-null    object
 1   Gender             601 non-null    object
 2   Married            611 non-null    object
 3   Dependents         599 non-null    object
 4   Education          614 non-null    object
 5   Self_Employed      582 non-null    object
 6   ApplicantIncome    614 non-null    int64
 7   CoapplicantIncome  614 non-null    float64
 8   LoanAmount         592 non-null    float64
 9   Loan_Amount_Term   600 non-null    float64
 10  Credit_History     564 non-null    float64
 11  Property_Area      614 non-null    object
 12  Loan_Status        614 non-null    object
dtypes: float64(4), int64(1), object(8)
memory usage: 62.5+ KB
```

	Loan_ID	Gender	Married	Dependents	Education	Self_Employed	ApplicantIncome	CoapplicantIncome	LoanAmount	Loan_Amount_Term	Credit_History	Property_Area	Loan_Status
0	LP001002	Male	No	0	Graduate	No	5849	0.0	NaN	360.0	1.0	Urban	Y
1	LP001003	Male	Yes	1	Graduate	No	4583	1508.0	128.0	360.0	1.0	Rural	N
2	LP001005	Male	Yes	0	Graduate	Yes	3000	0.0	66.0	360.0	1.0	Urban	Y
3	LP001006	Male	Yes	0	Not Graduate	No	2583	2358.0	120.0	360.0	1.0	Urban	Y
4	LP001008	Male	No	0	Graduate	No	6000	0.0	141.0	360.0	1.0	Urban	Y

上段の表示内容は、データの概要です。

Columnはデータ項目です。「Loan_ID」「Gender」「Married」「Dependents」「Education」「Self_Employed」「ApplicantIncome」「CoapplicantIncome」「LoanAmount」「Loan_Amount_Term」「Credit_History」「Property_Area」「Loan_Status」の13項目です。**Non-Null Count**の最大値は614です。このことから、「Gender」「Married」「Dependents」「Self_Employed」「LoanAmount」「Loan_Amount_Term」「Credit_History」の7項目は欠損値があることがわかります。**Dtype**は、データの型です。下記の通り、3つのデータ型が混在しています。

- 「Loan_ID」「Gender」「Married」「Dependents」「Education」「Self_Employed」「Property_Area」「Loan_Status」：「object」型(文字)
- 「ApplicantIncome」：「int64」型(整数値)
- 「CoapplicantIncome」「LoanAmount」「Loan_Amount_Term」「Credit_History」：「float64」型(浮動小数点数)

下段の表示内容は、先頭5行データです。

次に「Dataprep html Preport」セルの▶をクリックします。

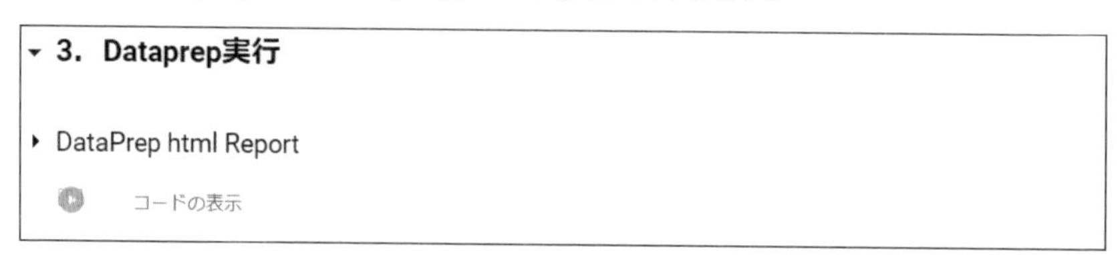

実行して、しばらくすると、次ページのダイヤログボックスが表示されるので、デスクトップなど、適当な保存先を指定し、[保存(S)]ボタンをクリックしてください。

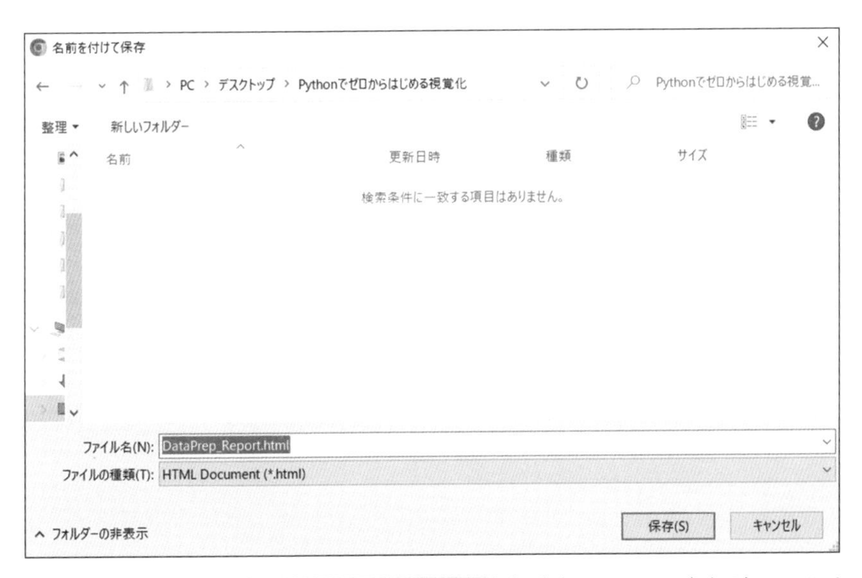

PCに保存された `Dataprep_Report.html` を起動(ダブルクリック)すると、Webブラウザにデータプロファイリングレポートが立ち上がります。

データプロファイリングレポートの内容

データプロファイリングレポートは、5つのセクションで構成されています。

▶「Overview」セクション

「Overview」セクションには、データ項目の種類、欠損率、変数の方、各データ項目の欠損値(率)など、データセットの統計情報が表示されます。

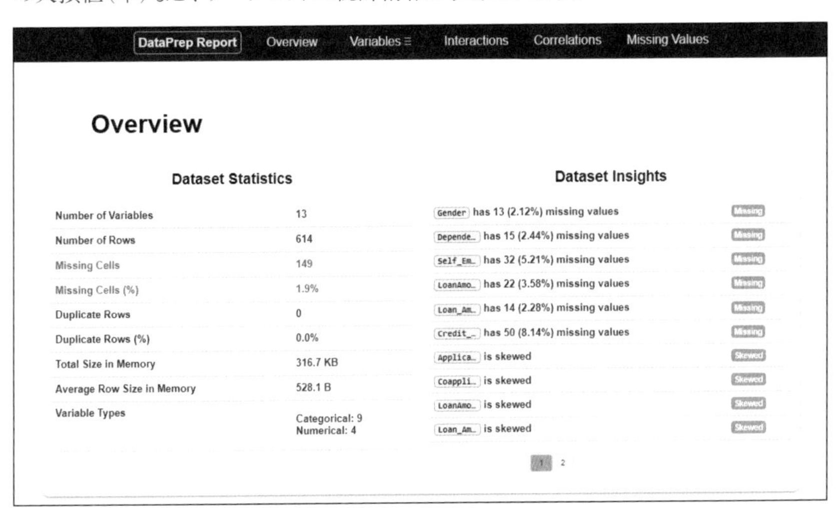

▶「Variable」セクション

「Variable」セクションには、各データ項目(変数)ごとの統計量、棒グラフ(クラスごとのカウント数)もしくはヒストグラムが表示されます。

下図は、「Loan_Status」の「Variable」表示です。

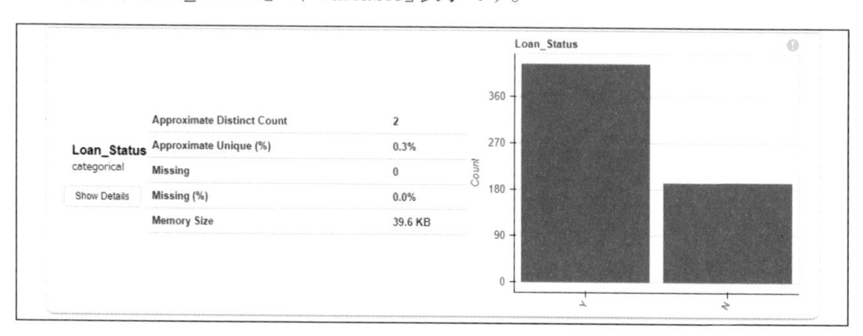

画面左の[Show Details]ボタンをクリックすると、詳細情報が追加表示されます。

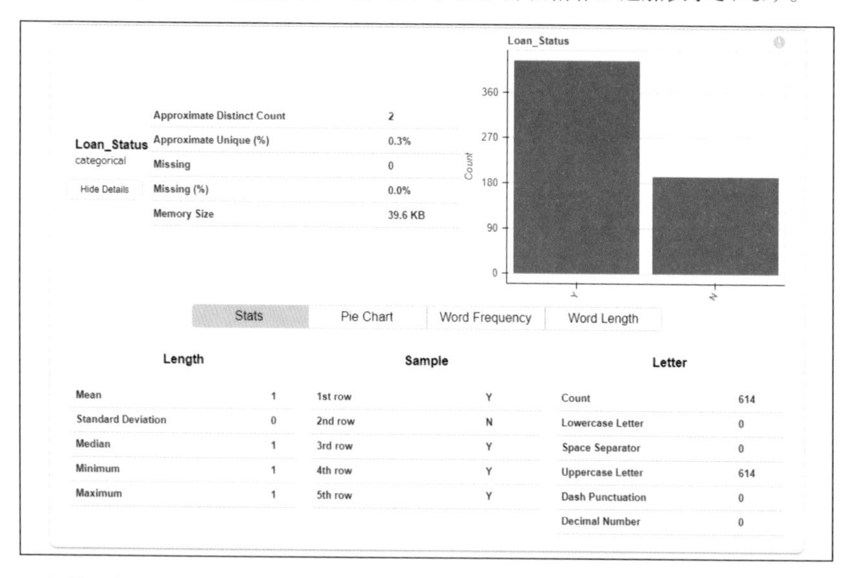

中段に表示される選択肢は、データ項目の型(カテゴリー/連続量)によって異なります。

データ項目の型	選択肢
カテゴリー	「Stats(基本統計量)」「Pie Chart(円グラフ)」「Word Frequency(棒グラフ)」「Word length(単語長さ)」
連続量	「Stats(基本統計量)」「KDE Plot(ヒストグラム:密度近似関数表示)」「Normal Q-Q Plot(正規QQプロット)」「Box Plot(箱ひげ図)」

▶「Interactions」セクション

「Interactions」セクションには、散布図と回帰直線が表示されます。データ項目はドロップダウンで選択することができます（画面上のX-Axis（X軸）とY-Axis（Y軸）です）。

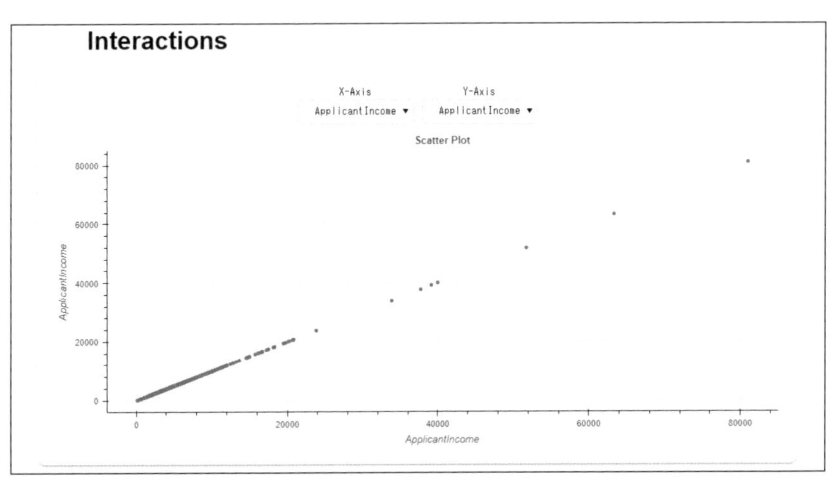

▶「Correlations」セクション

「Correlations」セクションには、相関行列（ヒートマップ）が表示されます。

「Pearson（ピアソン）」「Spearman（スピアマン）」「Kendall（ケンドール）」を切替えることができます。一般的な「Pearson（ピアソン）」を見ておけば十分でしょう。

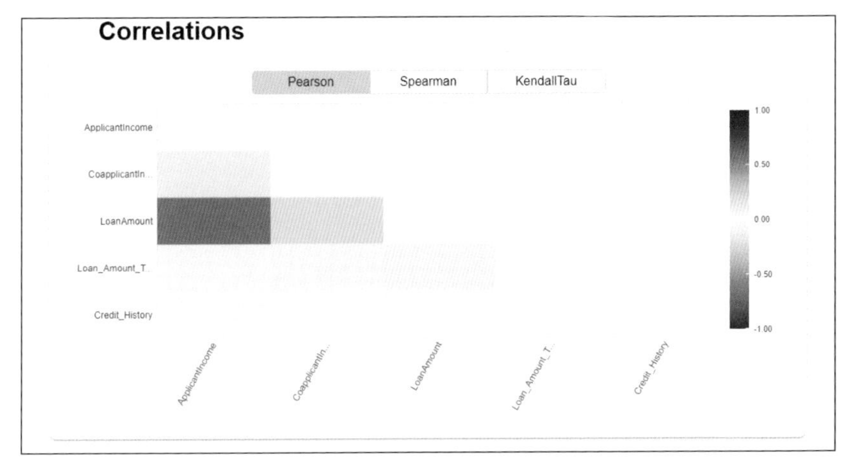

▶「Missing Values」セクション

「Missing Values」セクションには、欠損値が「Bar Chart（棒グラフ）」「Spectrum（スペクトル）」「Heat Map（ヒートマップ）」「Dendrogram（樹形図）」で表示されます。

下図は、「Loan_prediction :binary」データセットの欠損値グラフです。どのデータ項目に欠損値があるかが一目でわかります。

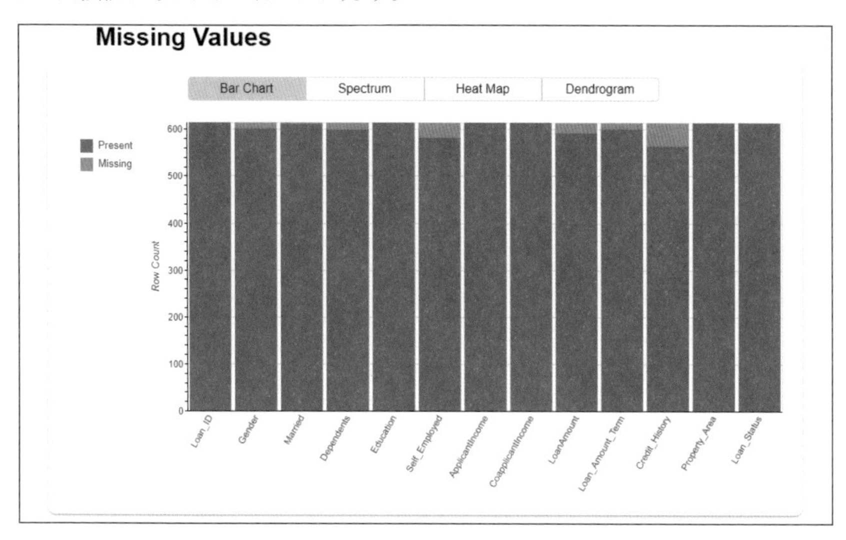

はじめて実行された方は、実行速度と情報の充実度に驚かれたのではないかと思います。

Dataprepによるデータプロファイリングレポートは、直感的でわかりやすい操作性を備えたレポートです。操作しながらデータ確認ができるものになっています。

Ⅲ「plot_diff()」関数

Dataprepには、複数のデータセットの違いを探索する `plot_diff()` 関数があります。

たとえば、「訓練データとテストデータ」「昨年データと当年データ」「対策前データと対策後データ」など、2つのデータを比較することができる関数です。

「Loan_prediction :binary」データセットを、「Loan_Status（ローン承認）」のY/Nで2つに分け、各データ項目におけるY/Nの違いを比較してみます。

Notebookの「2値カテゴリー項目でデータ区分」というセルの「Column_name:」に `'Loan_Status'` を入力し、セルの▶をクリックすると、次ページの図のように表示されます（次ページの図は先頭部分のみ）。

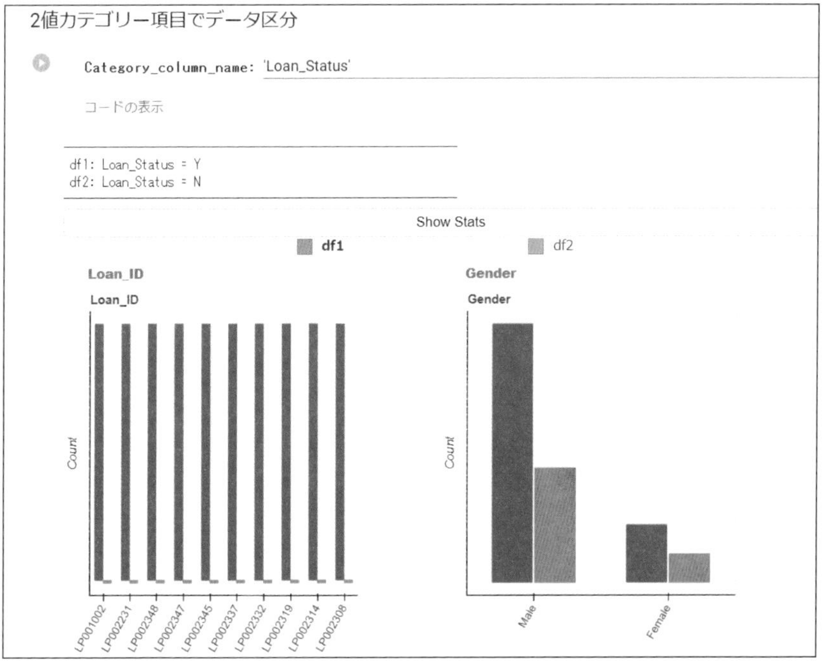

2値カテゴリー項目でデータ区分

Category_column_name: 'Loan_Status'

コードの表示

df1: Loan_Status = Y
df2: Loan_Status = N

Show Stats

df1 df2

Loan_ID

Loan_ID

Count

LP001002 LP002231 LP002348 LP002347 LP002345 LP002337 LP002332 LP002319 LP002314 LP002308

Gender

Gender

Count

Male Female

「Loan_Status(ローン承認:Y/N)」の承認(Y)が「ブルー(df1)」、不承認(N)が「オレンジ(df2)」です。

「性別(Gender)」で見ると、『ローンを借りる方は「男性(Male)」が「女性(Female)」よりも多いですが、ローン承認・不承認の比率に性別の差はなさそう』ということがわかります。

このように2値分類データのクラスの違いを手早く確認したいというとき、この `plot_diff()` 関数は有効です。

Ⅲ「Pythonで視覚化[Dataprep編].jpynb」の実行コード

Dataprep実行(`plot_diff()` 関数含む)のコード[2]は、次の通りです。

▶「1.インストール」のコード

必要なライブラリをインストールするコードは次の通りです。

SAMPLE CODE

```
!pip install dataprep  # dataprepのインストール
```

SAMPLE CODE

```
from dataprep.eda import *  # dataprep.edaのインポート
```

[2]:「2.データセット読込み」に関するコードは、CHAPTER 02で実行したNotebookと同じです。

▶「2.データセット読込み」のコード

各種データセットの読み込みを行うコードは次の通りです。

SAMPLE CODE

```
#@title Select_Dataset { run: "auto" }
#@markdown  **<font color= "Crimson">注意</font>:かならず 実行する前に 設定
してください。**</font>

dataset = 'Loan_prediction :binary' #@param ['Boston_housing :regression',
'Diabetes :regression', 'Breast_cancer :binary','Titanic :binary',
'Titanic(seaborn) :binary', 'Iris :classification', 'Loan_prediction
:binary','wine :classification', 'Occupancy_detection :binary', 'Upload']
```

SAMPLE CODE

```
#@title Load dataset

# ライブラリのインポート
import numpy as np     # 数値計算ライブラリ
import pandas as pd    # データを効率的に扱うライブラリ
import seaborn as sns # 視覚化ライブラリ
import warnings        # 警告を表示させないライブラリ
warnings.simplefilter('ignore')

'''
dataset(ドロップダウンメニュー)で選択したデータセットを読み込み、データフ
レーム(df)に格納。
目的変数は、データフレームの最終列とし、FEATURES、TARGET、X、yを指定した後、デー
タフレーム
に関する情報と先頭5列を表示。
任意のcsvデータを読み込む場合は、datasetで'Upload'を選択。

'''

# 任意のCSVデータ読み込みおよびデータフレーム格納
if dataset =='Upload':
  from google.colab import files
  uploaded = files.upload()# Upload
  target = list(uploaded.keys())[0]
  df = pd.read_csv(target)

# Diabetesデータセットの読み込みおよびデータフレーム格納
elif dataset == "Diabetes :regression":
  from sklearn.datasets import load_diabetes
```

```
    diabetes = load_diabetes()
    df = pd.DataFrame(diabetes.data, columns = diabetes.feature_names)
    df['target'] = diabetes.target

# Breast_cancerデータセットの読み込みおよびデータフレーム格納
elif dataset == "Breast_cancer :binary":
    from sklearn.datasets import load_breast_cancer
    breast_cancer = load_breast_cancer()
    df = pd.DataFrame(breast_cancer.data, columns = breast_cancer.feature_
names)
    # df['target'] = breast_cancer.target  # 目的変数をカテゴリー数値とすると
き
    df['target'] = breast_cancer.target_names[breast_cancer.target]

# Titanicデータセットの読み込みおよびデータフレーム格納
elif dataset == "Titanic :binary":
    data_url = "https://raw.githubusercontent.com/datasciencedojo/datasets/
master/titanic.csv"
    df = pd.read_csv(data_url)
    # 目的変数Survivedをデータフレーム最終列に移動
    X = df.drop(['Survived'], axis=1)
    y = df['Survived']
    df = pd.concat([X, y], axis=1)    # X,yを結合し、dfに格納

# Titanic(seaborn)データセットの読込みおよびデータフレーム格納
elif dataset == "Titanic(seaborn) :binary":
    df = sns.load_dataset('titanic')
    # 重複データをカットし、目的変数aliveをデータフレーム最終列に移動
    X = df.drop(['survived','pclass','embarked','who','adult_male','alive'],
axis=1)
    y = df['alive']                    # 目的変数データ
    df = pd.concat([X, y], axis=1)     # X,yを結合し、dfに格納

# irisデータセットの読み込みおよびデータフレーム格納
elif dataset == "Iris :classification":
    from sklearn.datasets import load_iris
    iris = load_iris()
    df = pd.DataFrame(iris.data, columns = iris.feature_names)
    # df['target'] = iris.target  # 目的変数をカテゴリー数値とするとき
    df['target'] = iris.target_names[iris.target]

# wineデータセットの読み込みおよびデータフレーム格納
elif dataset == "wine :classification":
```

```
  from sklearn.datasets import load_wine
  wine = load_wine()
  df = pd.DataFrame(wine.data, columns = wine.feature_names)
  # df['target'] = wine.target  # 目的変数をカテゴリー数値とするとき
  df['target'] = wine.target_names[wine.target]

# Loan_predictionデータセットの読み込みおよびデータフレーム格納
elif dataset == "Loan_prediction :binary":
  data_url = "https://github.com/shrikant-temburwar/Loan-Prediction-Dataset/
raw/master/train.csv"
  df = pd.read_csv(data_url)

# Occupancy_detectionデータセットの読み込みおよびデータフレーム格納
elif dataset =='Occupancy_detection :binary':
  data_url = 'https://raw.githubusercontent.com/hima2b4/Auto_Profiling/main/
Occupancy-detection-datatest.csv'
  df = pd.read_csv(data_url)
  df['date'] = pd.to_datetime(df['date'])    # [date]のデータ型をdatetime型
に変更

# Bostonデータセットの読み込みおよびデータフレーム格納
else:
  from sklearn.datasets import load_boston
  boston = load_boston()
  df = pd.DataFrame(boston.data, columns = boston.feature_names)
  df['target'] = boston.target

# FEATURES、TARGET、X、yを指定
FEATURES = df.columns[:-1]     # 説明変数のデータ項目を指定
TARGET = df.columns[-1]        # 目的変数のデータ項目を指定
X = df.loc[:, FEATURES]        # FEATURESのすべてのデータをXに格納
y = df.loc[:, TARGET]          # TARGETのすべてのデータをyに格納

# データフレーム表示
df.info(verbose=True)          # データフレーム情報表示(verbose=Trueで表示数
制限カット)
df.head()                      # データフレーム先頭5行表示
```

SAMPLE CODE

```
#@title **データ項目一覧**
#@markdown **※データ項目一覧を表示します。以後のデータ項目の入力は、表示さ
れた項目をコピーアンドペーストすると確実です。**
print('データ項目名 :',df.columns.values)
```

▶「3.Dataprep実行」のコード

Dataprepを実行するコードは次の通りです。

SAMPLE CODE

```
#@title DataPrep html Report
report = create_report(df)
report.save('DataPrep_Report')

from google.colab import files
files.download( "/content/DataPrep_Report.html" )
```

SAMPLE CODE

```
#@title 2値カテゴリー項目でデータ区分
Category_column_name =  'Loan_Status'#@param {type:"raw"}

# カテゴリー項目のクラス名をclass1,2に格納
class1 = df[Category_column_name].unique().tolist()[0]
class2 = df[Category_column_name].unique().tolist()[1]

# class1,2データをdf1,2に振り分け
df1 = df[df[Category_column_name] == class1]
df2 = df[df[Category_column_name] == class2]

print('――――――――――――――――――――――――――――――――――――')
print(' df1:',Category_column_name,'=',class1)
print(' df2:',Category_column_name,'=',class2)
print('――――――――――――――――――――――――――――――――――――')

plot_diff([df1, df2])
```

データやNotebookの共有について

Dataprepで作成したデータプロファイリングレポートなどの共有には次のようなものがあります。

▶データプロファイリングレポート(HTMLファイル)の共有

Dataprepで作成したデータプロファイリングレポートは、「HTMLファイル」として出力できます。第三者にデータ確認を依頼する際は、生データとこの「HTMLファイル」をセットにするとよいでしょう。

▶Notebook(拡張子「.ipynb」)の保存とアップロード

作成したNotebookは、[ファイル]メニューから[ダウンロード]→[.ipynbをダウンロード]でPCに保存できます。

第三者から受け取ったNotebookを起動することもできます。Google Driveにアクセスし、[マイドライブ]ドロップダウンリストから[ファイルのアップロード]を選択して、「.ipynb」ファイルをアップロードした後、マイドライブに保存されたNotebook(.ipynb)をクリックすると起動します。

▶GitHubへのNotebookのアップロードについて

Notebookは、[ファイル]メニューから[Githubにコピーを保存]を選択することでGitHubに保存することができます(GitHubに保存する場合はサインアップを行ってください)。

また、GitHubにアップロードしたNotebook(.ipynb)は、Google Colabで自動起動させることができます(本書で使用するNotebookは、この方法で共有しています)。

CHAPTER 05

データクリーニングのテクニック

実務データは、案外乱れていることが多いため、データクリーニングに労力が割かれたり、どのように前処理を進めるかに戸惑ったりすることがあります。どのような前処理が必要となるかはデータに依存するということと、処理の内容が多岐に及ぶことからです。

本章は、「視覚化」に支障が生じないようにするデータクリーニングの方法の解説を「Titanic」データセットを題材に進め、最後にデータクリーニング後のデータで可読性の高い樹形図（決定木分析）を描くという内容としています。

本章で使用するNotebookの種類と内容

本章で使用するNotebookは次の通りです。

Notebook	dataset	データ内容
Pythonで視覚化[Preparation編].ipynb	Titanic(seaborn) :binary	タイタニック号の乗客生死に関する二値データ

Notebookのダウンロード先は5ページを参照してください。

データ分析のプロセスとデータクリーニング

データ分析のプロセスに、CRISP-DM(CRoss Industry Standard Process for Data Mining)というものがあります。

- CRISP-DMのプロセス
  - Business Understanding(ビジネスの理解)
  - Data Understanding(データの理解)
  - Data Preparation(データの準備)
  - Modeling(モデリング)
  - Evaluation(評価)
  - Deployment(展開)

前章までは、ありのままのデータを見てきました。これは、上記の「Data Understanding(データの理解)」にあたり、「EDA(探索的データ分析)」もこのステップに相当します。

本章では、「Data Preparation(データの準備)」のステップについて解説します(「Modeling(モデリング)」についても少し触れます)。

「Titanic」データセットのデータクリーニング

データセットは、CHAPTER 02で使用した「Titanic(seaborn) :binary」を使用します。

「Titanic(seaborn) :binary」データセットについて

「Titanic」データセットは、「1912年に北大西洋で氷山に衝突し、沈没したタイタニック号の乗客者の生存状況」に関するデータです。このデータセットは、機械学習の初心者向けの題材として活用されることが多く、Kaggle(100万人以上が利用している世界最大のデータサイエンスコンペティションプラットフォーム)の初心者チュートリアルのデータセットでもあります。

seabornデータセットリストにある「Titanic」データセットは、一部のデータ項目名・クラス名がわかりやすい表記に変更され、オリジナルデータにないデータ項目が追加されています(乗船デッキ)。

本書では、seaborn版「Titanic」データセットの一部をカット(重複項目)した下記のデータを使用します。

- データ項目(特徴量)
  - sex(性別 :male、female)
  - age(年齢)
  - sibsp(同乗している兄弟/配偶者の数)
  - parch(タイタニックに同乗している親/子供の数)
  - fare(乗船料金)
  - class(乗船クラス :First、Second、Third)
  - deck(乗船デッキ)
  - embark_town(出港地 :Cherbourg、Queenstown、Southampton)
  - alone(一人で乗船したかどうか)
- ターゲット(目的変数)
  - alive(生存状況 :yes、no)

Notebookの起動と実行

「Pythonで視覚化[Preparation編].ipynb」をダウンロードし、Notebookを起動します。Notebookのダウンロードについては、5ページを参照してください。

Notebookを起動した後、「1. インストール」の▶をクリックします(インストールが実行されます)。

「2.データセット読込み」の「Select_Dataset」セルのドロップダウンメニュー(dataset:)よりデータセットを選択してから、「Load dataset」セルの▶をクリックします(データセットが読み込まれます)。

データセットを読み込むと、下図のように表示されます。

```
<class 'pandas.core.frame.DataFrame'>
RangeIndex: 891 entries, 0 to 890
Data columns (total 10 columns):
 #   Column       Non-Null Count  Dtype
---  ------       --------------  -----
 0   sex          891 non-null    object
 1   age          714 non-null    float64
 2   sibsp        891 non-null    int64
 3   parch        891 non-null    int64
 4   fare         891 non-null    float64
 5   class        891 non-null    category
 6   deck         203 non-null    category
 7   embark_town  889 non-null    object
 8   alone        891 non-null    bool
 9   alive        891 non-null    object
dtypes: bool(1), category(2), float64(2), int64(2), object(3)
memory usage: 51.9+ KB
```

	sex	age	sibsp	parch	fare	class	deck	embark_town	alone	alive
0	male	22.0	1	0	7.2500	Third	NaN	Southampton	False	no
1	female	38.0	1	0	71.2833	First	C	Cherbourg	False	yes
2	female	26.0	0	0	7.9250	Third	NaN	Southampton	True	yes
3	female	35.0	1	0	53.1000	First	C	Southampton	False	yes
4	male	35.0	0	0	8.0500	Third	NaN	Southampton	True	no

上段の表示内容は、Titanicデータの概要です。

Columnはデータ項目です。「sex」「age」「sibsp」「parch」「fare」「class」「deck」「embark_town」「alone」「alive」の10項目です。**Non-Null Count**は、欠損値を除いたデータ数です。最大891に対して、「age」は714、「deck」は203、「embark_town」は889となっているので、この3項目は欠損値があることがわかります。

Dtypeは、データの型です。次の通り、さまざまなデータ型が混在しています。

- 「age」「sibsp」「parch」「fare」：「int64」型(整数値)および「float64」型(浮動小数点数)
- 「class」「deck」：「category」型
- 「sex」「embark_town」「alive」：「object」型(文字)
- 「alone」：「bool」型(True/False)

下段の表示内容は、先頭5行データです。

データクリーニングの項目

この章では、最後に「決定木」というモデルを実行し、樹形図を描きます。

本書で実行する決定木に限らず、多くのモデルは、データに欠損値や数値以外の型が含まれていると正しく処理できません。「Titanic」データセットには、欠損データや数値以外のカテゴリーデータが数多くあるので、決定木を実行する前にデータクリーニングを行います。

本章で使用するNotebookは、次のデータクリーニング項目を実装しています。

- 記号識別され欠損データをN.A.(NaN)に置換する
- 不要なデータ項目を削除する
- 欠損データを含む行を削除する
- カテゴリーデータ項目をLabelエンコードする
- データ項目名を英訳する
- 数値のデータ型がObjectと認識されている場合に強制的に数値化する(参考)

データクリーニングの実行

本項で、データクリーニング項目ごとの処理内容を説明します。

▶記号識別された欠損データをN.A.(NaN)に置換する

データが入力されているはずのカラムに何もデータがない場合、そのデータは欠損データとなりますが、未入力なのか情報がなかったのかが区別できるよう、欠損データが `---` などの識別記号に変換されている場合があります。

識別記号を付与した人は、当然この意味を理解していますが、Pythonにとってはただの記号(=文字)でしかないので、「記号識別された欠損データをN.A.(NaN)に置換」セルでは該当記号をPythonが欠損データと認識できるNaNに変換する処理を実装しています。

記号で識別された欠損データがあれば、「missing_value_symbol_is:」で指定し、「missing_value_to_nan:」のチェックボックスをONにして実行すると記号で識別された欠損データをNaNに置換します。

下図は、記号識別された欠損データが '---' である場合を想定したものです。なお、「Titanic」データには記号識別された欠損データはないので、実行してもデータは何も変化しません。

```
▸ 記号識別された欠損データをN.A.(NaN)に置換（☑ =実行）

※missing_value_to_nan を☑すると、missing_value_symbol_is で指定した欠損記号をNaNに置換します

missing_value_to_nan: ☑
missing_value_symbol_is: '---'

コードの表示
```

▶不要なデータ項目を削除する

「不要なデータ項目の削除」セルの処理は、影響が低いなど、重要視しないデータ項目を削除する処理です。「指定したデータ項目を削除」「7割以上が欠損値のデータ項目を削除」の2通りの処理が実行できます。

「Drop_label_is:」に削除したいデータ項目名を指定し、データの7割以上が欠損しているデータ項目も削除する場合は、「Over_70Percent_missing_value_is_drop:」のチェックボックスをONにして実行します。

CHAPTER 02で「sibsp（同乗している兄弟/配偶者の数）」「parch（タイタニックに同乗している親/子供の数）」が「alive（生死）」にほとんど影響していないことを確認したので、「Drop_label_is:」に 'sibsp' 、'parch' を指定し、「Over_70Percent_missing_value_is_drop:」のチェックボックスをONにして、実行することにします。

```
▸ 不要なデータ項目の削除（項目名を指定し削除｜7割以上が欠損値の項目を削除☑）

注意：Drop_label_is（カラムを指定して削除）の記載は'ID','Age'などとしてください。

Drop_label_is: 'sibsp', 'parch'
Over_70percent_missing_value_is_drop: ☑

コードの表示
```

下図は実行した結果です。

```
------------------------------------------------------------------------
Drop of specified column: ['sibsp' 'parch']
------------------------------------------------------------------------
Drop of missing 70% column: deck
------------------------------------------------------------------------
```

	sex	age	fare	class	embark_town	alone	alive
0	male	22.0	7.2500	Third	Southampton	False	no
1	female	38.0	71.2833	First	Cherbourg	False	yes
2	female	26.0	7.9250	Third	Southampton	True	yes
3	female	35.0	53.1000	First	Southampton	False	yes
4	male	35.0	8.0500	Third	Southampton	True	no

「Drop of specified column:」に `['sibsp', 'parch']` と表示されました。指定したデータ項目が削除されたことがわかります。また、「Drop of missing 70% column:」には `deck` と表示されました。「deck（乗船デッキ）」は、欠損値が70%以上（1-（203データ/891データ）=約77%）であるため、削除されたこともわかります。「sibsp」「parch」「deck」の削除は、先頭5行データでも確認することができます。

▶欠損データを含む行を削除する

「欠損データを含む行を削除」セルの処理は、欠損値を含むデータ行を削除する処理です。

欠損データを多く含んだ「deck（乗船デッキ）」は削除しましたが、まだ「age（年齢）」「embark_town（出港地）」には欠損データが残っています。

特に「age（年齢）」は、「alive（生死）」への影響が大きいデータ項目であるため、データ項目ごと削除するのではなく、**欠損データを含む行のみを削除する**ことにします。

下図は、「Null_drop:」のチェックボックスをONにして実行した結果です。

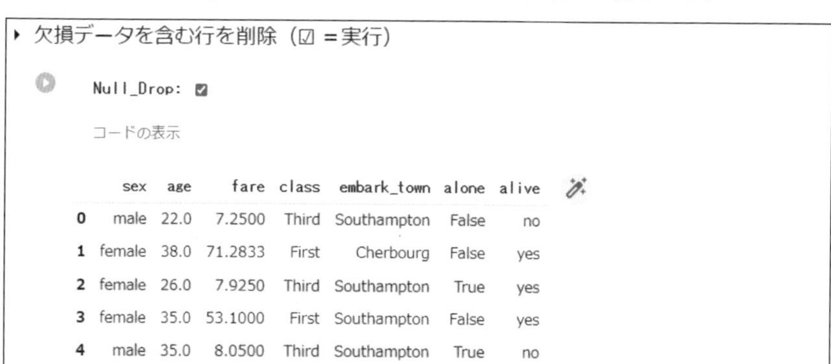

▸ 欠損データを含む行を削除（☑ =実行）

Null_Drop: ☑

コードの表示

	sex	age	fare	class	embark_town	alone	alive
0	male	22.0	7.2500	Third	Southampton	False	no
1	female	38.0	71.2833	First	Cherbourg	False	yes
2	female	26.0	7.9250	Third	Southampton	True	yes
3	female	35.0	53.1000	First	Southampton	False	yes
4	male	35.0	8.0500	Third	Southampton	True	no

上記に表示された内容だけでは欠損データが正しく処理されたのかわかりませんので、後ほど確認したいと思います。

▶カテゴリーデータ項目をLabelエンコードする

「カテゴリーデータ項目をLabelエンコード」セルは、**ラベルエンコーディング**と呼ばれるカテゴリーデータを数値変換する処理です。

カテゴリーデータを分析に利用する場合、`NG` を `0`、`OK` を `1` のようにカテゴリーを数値に変換する必要があります。

「Titanic」データセットには、カテゴリーデータが数多くあります。「sex（性別）」「class（乗船クラス）」「embark_town（出港地）」「alone（一人で乗船したかどうか）」「alive（生死）」です。

「Object_label_to_encode_is:」で `'sex', 'embark_town', 'alive', 'alone', 'class'` を指定し、実行した結果が次ページの図です。

▸ カテゴリーデータ項目を Labelエンコード（**対象：Dtype が int64, float64 以外のデータ項目**）

注意：指定は'ID','Age',などとしてください。

Object_label_to_encode_is: 'sex', 'embark_town', 'alive', 'alone', 'class'

コードの表示

```
------------------------------------------------------------------------
[エンコードカラム]: sex
{'female': 0, 'male': 1}
------------------------------------------------------------------------
[エンコードカラム]: embark_town
{'Cherbourg': 0, 'Queenstown': 1, 'Southampton': 2}
------------------------------------------------------------------------
[エンコードカラム]: alive
{'no': 0, 'yes': 1}
------------------------------------------------------------------------
[エンコードカラム]: alone
{False: 0, True: 1}
------------------------------------------------------------------------
[エンコードカラム]: class
{'First': 0, 'Second': 1, 'Third': 2}
------------------------------------------------------------------------
```

	sex	age	fare	class	embark_town	alone	alive
0	1	22.0	7.2500	2	2	0	0
1	0	38.0	71.2833	0	0	0	1
2	0	26.0	7.9250	2	2	1	1
3	0	35.0	53.1000	0	2	0	1
4	1	35.0	8.0500	2	2	1	0

エンコードを指定したデータ項目ごとの各クラスとラベルの対応結果が表示されました。「alive(生死)」の場合、'no'(死):0、'yes'(生):1がクラスとラベルの対応となります。

また、先頭5行データを見ると、エンコードを指定したデータ項目のデータが「クラス(文字)」から「ラベル(数値)」に変換されていることも確認できます。

▶データ項目名を英訳する

「データ項目名を英訳」セルの処理は、文字通りデータ項目名を英訳する処理です。データ分析のライブラリに依存しますが、英字以外では文字化けする場合があるので、やや強引ですが確実です。

「Column_English_translation:」のチェックボックスをONにして、実行した結果が下図です。

▸ データ項目名を英訳（☑ ＝実行）

Column_English_translation: ☐

コードの表示

```
------------------------------------------------------------------------
[カラム名_翻訳結果 (翻訳しない場合も表示) ]
------------------------------------------------------------------------
```

sex	age	fare	class	embark_town	alone	alive

「Titanic」データセットのデータ項目は、すでに英字となっているので、実行してもデータ項目名は変わりません。

▶数値のデータ型がObjectと認識されている場合に強制的に数値化する(参考)

同じデータ項目に「int」(整数)と「float」(浮動小数点数)が混在している場合、データ型は「object」と認識されます。これが実行に影響することがあるので、参考としてNotebookの最終セルに設けています。必要に応じて使ってください。

```
▾ 参考

▸ データは数値…データ型は Object とい時の強制数値化

  ※同じデータ項目にintとfloatが混在している場合、[object]と認識されます。
  ※これは、強制的にfloatに変換する処理です。
  コードの表示
```

▶データクリーニングの最終確認

ここまでで、データクリーニングは完了です。最後に、意図通りのデータクリーニングが行われたかについて確認します。

「データクリーニングの最終確認」の▶をクリックします。

```
▸ データクリーニングの最終確認

  コードの表示

--------------------------------------------------------------------------------
Numerical_colomn: ['sex', 'age', 'fare', 'class', 'embark_town', 'alone', 'alive']
--------------------------------------------------------------------------------
Object_colomn: []
--------------------------------------------------------------------------------
[NA処理判定]
◎：欠損値はありません
※各カラムのデータ型が[float64]か[int64]なら正しく処理されています
--------------------------------------------------------------------------------
<class 'pandas.core.frame.DataFrame'>
Int64Index: 712 entries, 0 to 890
Data columns (total 7 columns):
 #   Column       Non-Null Count  Dtype
---  ------       --------------  -----
 0   sex          712 non-null    int64
 1   age          712 non-null    float64
 2   fare         712 non-null    float64
 3   class        712 non-null    int64
 4   embark_town  712 non-null    int64
 5   alone        712 non-null    int64
 6   alive        712 non-null    int64
dtypes: float64(2), int64(5)
memory usage: 44.5 KB
```

	sex	age	fare	class	embark_town	alone	alive
0	1	22.0	7.2500	2	2	0	0
1	0	38.0	71.2833	0	0	0	1
2	0	26.0	7.9250	2	2	1	1
3	0	35.0	53.1000	0	2	0	1
4	1	35.0	8.0500	2	2	1	0

前ページの図の通り、欠損データはなく、データ項目はすべて数値(int64かfloat64)となり、データ数も712に揃ったことが確認できます。

▶データクリーニング結果をCSVに出力する

これは、データクリーニング後のデータをCSVファイルに保存する処理です。

保存するときは、「csv_output」チェックボックスをONにして、●をクリックして実行します。実行すると「名前を付けて保存」のダイアログボックスが表示されるので、デスクトップなど、適当な保存先を指定して、[保存(S)]ボタンをクリックします。

```
▸ データクリーニング結果 csv出力 (☑ =実行)

●   csv_output: ☑

    コードの表示
```

次節では、データクリーニングを行ったデータで「決定木」を描きます。

決定木の作成

決定木は、ある対象や課題を分類したり、予測したり、判定したりするための条件分岐のアルゴリズムを図式化した木構造のグラフです。機械学習やデータマイニングの分野のほか、意思決定や戦略立案で用いられることから**デシジョンツリー**とも呼ばれています。

重要度が高い説明変数から順に条件分岐が繰り返され、それぞれの分岐の先で目的変数がどう分類・予測されるかが視覚化されるので、たとえば、「価格・性能・入手性・デザイン」という説明変数と「購入する／しない」という目的変数があった場合、「価格・性能・入手性・デザイン」のうち、どの変数が「購入する／しない」に強くかかわっているかや、「価格:低い」「性能:低い」「入手性:購入しやすい」「デザイン:よい」という場合の購入比率が把握できたりします。

決定木を見たことがなく、上記の説明だけでは、まだしっくりこないという方は「説明変数と目的変数の関係をいくつかの経路に分けたグラフ(図)で表現してくれそうだ」とイメージしていただければ十分です。

ここからは、先ほどデータクリーニングした「Titanic」データで、決定木を描いてみましょう。

決定木の描画

Notebookの「決定木(木の深さ設定 | max_depth:2〜6 | ☑=実行)」というセルの「dataset_type:」を `Classification` [1]に、スライドバー「max_depth:」を `'3'` に設定し、セルの▶をクリックすると、次ページの図のように表示されます。これは「dtreeviz」という決定木ライブラリで描いたものです。

前節の「データクリーニング」により、カテゴリーデータは次の通りラベルに変更されています。

カテゴリデータ	ラベル
sex(性別)	'female'(女性):0、'male'(男性):1
class(乗船クラス)	'First'(ファーストクラス):0、'Second'(セカンドクラス):1、'Third'(サードクラス):2
alive(生死)	'no'(死):0、'yes'(生):1

[1]:「Titanic」データは、目的変数が2値の分類データ(Classification)のためです。

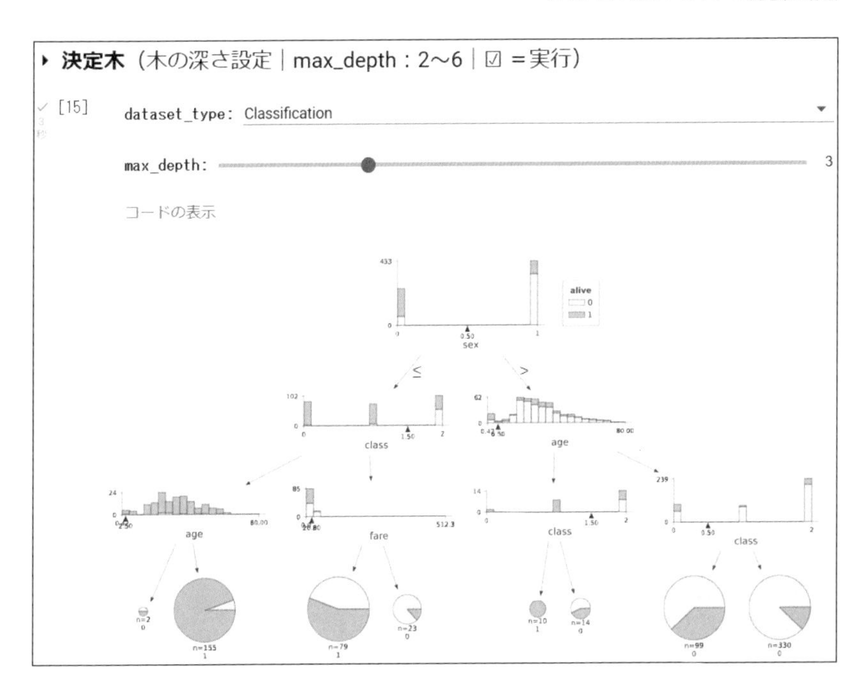

上から順に見ると、「sex（性別）」は0.50を境に左右に分岐しています。**0（女性）**、**1（男性）**なので、女性は左の経路、男性は右の経路という対応となっています。

左側に進んだ先の「class（乗船クラス）」は1.50を境に分岐しています。**0（ファーストクラス）**、**1（セカンドクラス）**、**2（サードクラス）**なので、ファーストクラスとセカンドクラスは次の左の経路、サードクラスは次の右の経路です。

これも左側に進んだ先の「age（年齢）」は2.50を境に左右に分岐し、最後に「alive（生死）」で**0（死）**、**1（生）**に振り分けられています。

これらを含め、決定木全体を見ると、次のような気付きが得られます。

- 男性は、大部分が亡くなったものの、ファーストクラス、セカンドクラスに乗船していた6.5歳以下の子供は全員助かっていた。
- 女性は、大部分が助かったものの、サードクラスに乗船していた人に限っては、そのうち約半数が亡くなった。
- ファーストクラス、セカンドクラスに乗船していた女性はほとんど助かったが、2.5歳未満の幼児は約半数が亡くなった。

上記の例のように説明変数と目的変数の関係を機械的な分類器にかけて表示してくれるので、高い可読性を得ることができます。これが決定木の利点です。

▶木の深さ

セルのスライドバー「max_depth:」で木の深さを変更することができます。下図は「max_depth:」を `'4'` に設定し、描いた決定木です。

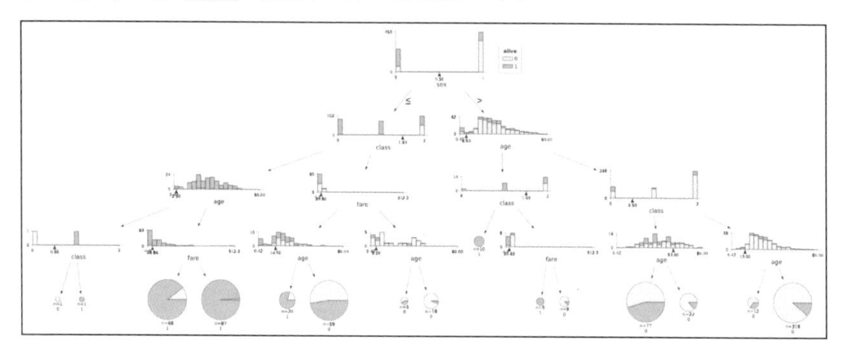

木の深さは、浅くなれば読みやすくなりますが、精度は下がります。ただ、精度は木の深さを深くするほどよくなるというものでもありません。本来は機械学習により最適な深さを求めますが、データ全体の状況や傾向をつかむということならば、適切な可読性が維持できる範囲で任意に調整すればよいと思います。

▶回帰データも実行可能

決定木は、目的変数が連続量の回帰データでも実行できます。

次ページの図は、CHAPTER 04で使用した「Boston_housing: regression」データで決定木を描いたものです。「Boston_housing: regression」データは、データ項目がすべて数値（「int64」か「float64」）、かつ欠損データのない完全データとなっているので、決定木実行前にデータクリーニングを行う必要はありません。Notebookで実行する際は、「dataset_type」（ドロップダウンメニュー）で `Regression` を選択してください。

dtreevizは、美しく、かつ可読性の高い決定木を描くことができます。スッキリ解釈したい、スッキリしにくいものをうまく共有したい場面での活用につながればと思います。

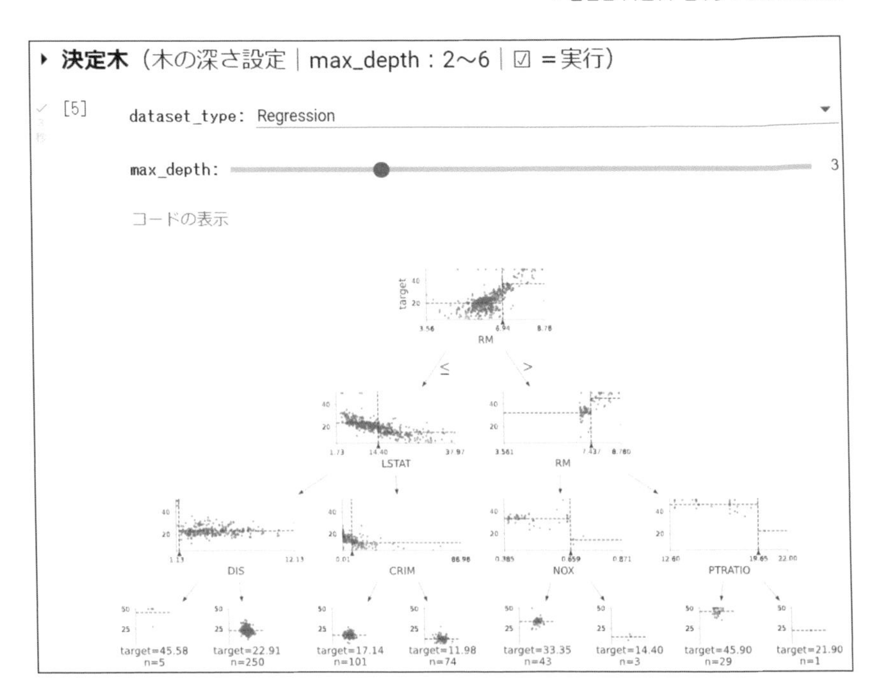

決定木の画像出力

これは、決定木を画像（SVGファイル）に保存する処理です。

決定木を画像として保存したいときは、「Decision_tree_output:」のチェックボックスをONにして、▶をクリックして実行します。

実行すると「名前を付けて保存」のダイアログボックスが表示されるので、デスクトップなど、適当な保存先を指定し、[保存(S)]ボタンをクリックします。

▸ **決定木 画像出力（☑ ＝実行）**

[19] Decision_tree_output: ☑

コードの表示

「2つの説明変数と目的変数の関連」を視覚化する

決定木は、ある対象や課題の可読性を高めることができるので、望む結果を得るために「どのデータ項目をどの方向に制御する」といった対応策につなげることができます。

しかし、実務においては次のような意見をよく耳にします。

- 「通常の運用で取得できるデータ項目は、実はこれだけなんです。」
- 「取得できなくはないのですが、すべてとなると少し難易度が上がりますし、取りまとめも大変になります。」
- 「う〜ん、わからない人でも簡単に判断できるようにしたいから、データ項目を絞れませんか?」

事情はさまざまですが、できれば、**1つか2つのデータ項目だけで結果(目的変数)がどうなるかについて表現したい**ということがあります。決定木を描いたライブラリ(dtreeviz)は、このニーズに対応したグラフも描くことができます。

Notebookの「Bivariate feature-target space(木の深さ設定 | max_depth:2~6 | ☑=実行)」というセルの「dataset_type:」を `Classification` に、スライドバー「max_depth:」を `'3'` に、「X_column_name:」に `'age'`、「y_column_name:」に `'class'` を入力し、セルの▶をクリックすると、下図のように表示されます。

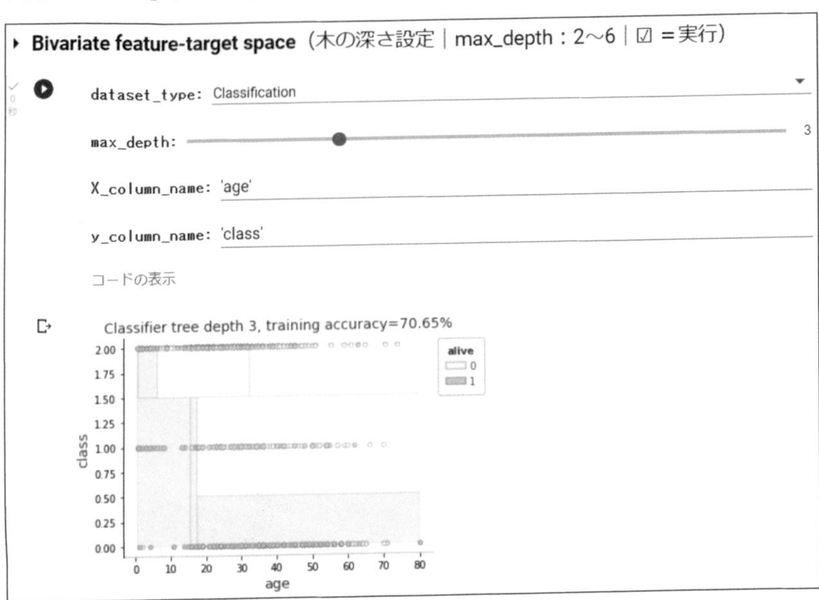

グラフ背景色がモデルによる分類判定の結果、プロット色が実データの結果を表しています。このデータでは、**黄:alive_0(死)**、**緑:alive_1(生)**という対応になっています。

2つのデータ項目しか取り上げていないので判定精度は高いとはいえませんが、class_2(サードクラス)乗船者の死亡率が高いこと、乗船クラスに限らず子供は助かったなどを読み取ることができます。

次に、「max_depth:」の設定を `'3'` から `'5'` に変更して実行すると、次ページの図のように表示されます。

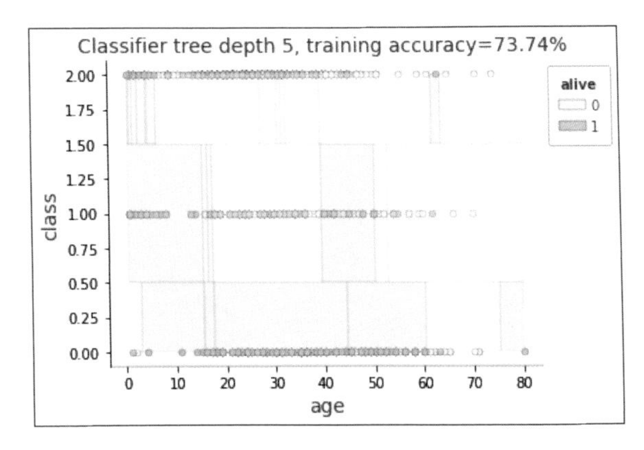

少し精度が上がり、分類判定の区分が細かくなりました。

本来、機械学習では、データを訓練データとテストデータに分け、訓練データで学習したモデルをテストデータに適用して精度を確認します。モデルは未知のデータに通用してこそ意味があるからです。

このグラフは、学習させただけのデータ[2]で描いているので、あくまでも参考となりますが、判断材料の1つになると思います。

このグラフは、回帰データを適用することもできます。次ページの図は、CHAPTER 04で使用した「Boston_housing: regression」データで実行[3]したものです。

2Dでも3Dでも描けるので、まず3Dから描いてみます。

Notebookの「Bivariate feature-target space（木の深さ設定｜max_depth:2～6｜☑ ＝実行）」というセルの「dataset_type:」を `Regression:3D` に、スライドバー「max_depth:」を `'3'` に、「X_column_name:」に `'LSTAT'` 、「y_column_name:」に `'RM'` を入力し、セルの▶をクリックすると、次ページの図のように表示されます。

[2]：「max_depth:」の値を大きくすると見かけ上の精度は上がりますが、学習データのみに過剰に適合しただけという可能性があります。これがいわゆる過学習です。精度が求められる場合は機械学習のセオリーに沿った対応をおすすめします。

[3]：「Boston_housing: regression」データは、完全データなのでデータクリーニングを行う必要はありません。

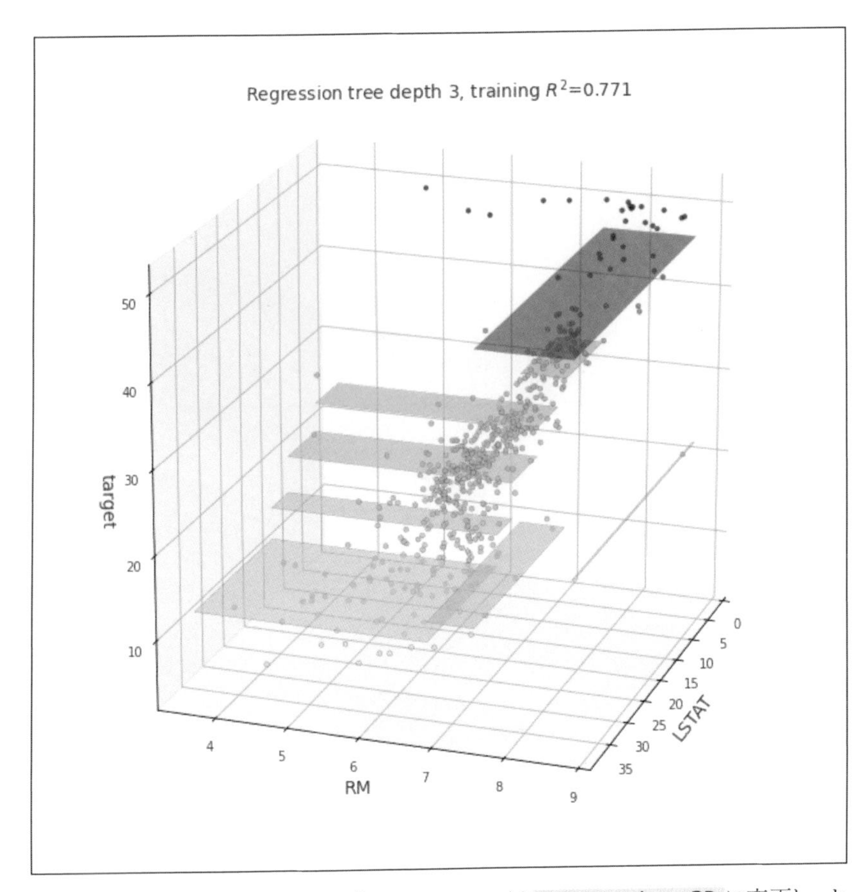

続けて、2Dでも描いてみます。「dataset_type:」を `Regression:2D` に変更し、セルの▶をクリックすると、下図のように表示されます。

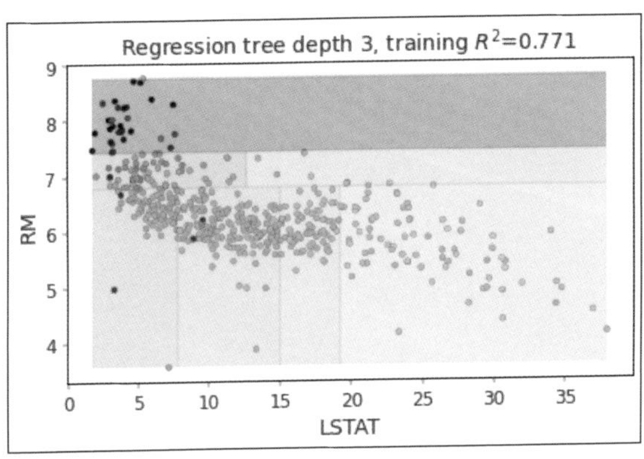

「LSTAT」は低所得者人口の割合、「RM」は1戸当たりの平均部屋数、「target」は住宅価格です。

「target(住宅価格)」がいくつかのゾーンに区切られ、ゾーンは住宅価格が高いほど濃い色になっています。2つの変数だけで住宅価格の目安をつかむことができるのは便利です。

「構造が複雑であっても道筋が明確ならばそのまま伝えても問題ない」「道筋が明確であっても単純に伝えないといけない」というのは、事案の性質によってさまざまと思います。後者が求められるような事案の場合、これらは1つの材料として利用できる可能性があるでしょう。

実行コードの解説

本節では、CHAPTER 05で実行したプログラムの実行コードを解説します。

CHAPTER 04までのプログラムとの違いは、「データクリーニング」を追加したことです。下図は、Pythonでグラフを描くプログラムの流れにおける「データクリーニング」の位置付けを示したものです。

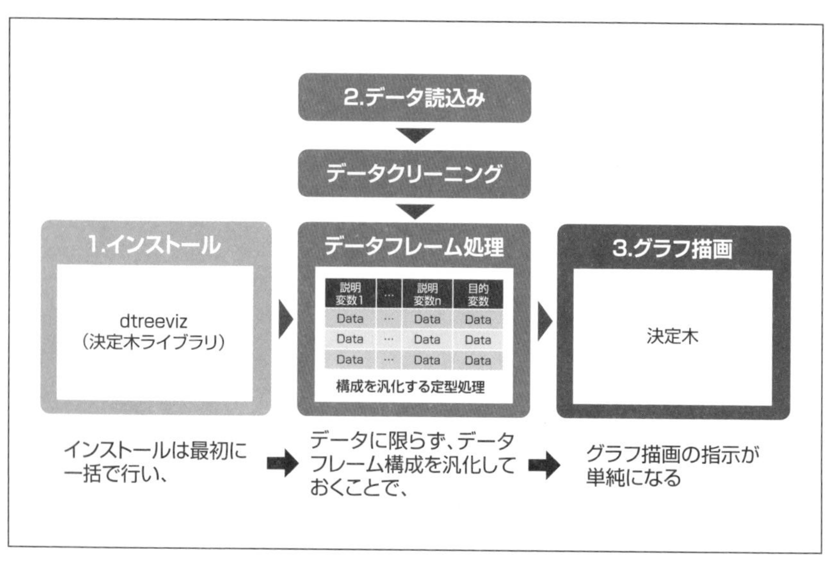

「データクリーニング」の実行タイミングは、「データフレーム処理」(変数の割り当て)の手前です。グラフを描いた後、データクリーニングを見直す場合は、再クリーニング後にデータフレーム処理も行わなければなりません。

これまでと基本的な流れは変わりませんが、この点は意識しておいた方がよいと思います。

「1.インストール」のコード

下記は、ライブラリをインストールするコードです。

SAMPLE CODE

```
!pip install dtreeviz --quiet  # 決定木ライブラリdtreevizのインストール
```

SAMPLE CODE

```
!pip install googletrans==4.0.0-rc1 --quiet  # googletransのインストール
```

「決定木」と「データ項目名の英訳」を実行するためのライブラリをインストールしています。

「2.データセット読込み」のコード

各種データセットの読み込みを行うコードは次の通りです。前章までのNotebookとほぼ同じですが、**「Load dataset」から「FEATURES」「TARGET」「X」「y」を指定するコードを除いています。**先の説明の通り、「データフレーム処理」(変数の割り当て)はデータクリーニング後に実行する必要があるからです。

SAMPLE CODE

```
#@title Select_Dataset { run: "auto" }
#@markdown  **<font color= "Crimson">注意</font>:かならず 実行する前に 設定してください。**</font>

dataset = 'Boston_housing :regression' #@param ['Boston_housing :regression', 'Diabetes :regression', 'Breast_cancer :binary','Titanic :binary', 'Titanic(seaborn) :binary', 'Iris :classification', 'Loan_prediction :binary','wine :classification', 'Occupancy_detection :binary', 'Upload']
```

SAMPLE CODE

```
#@title Load dataset

# ライブラリのインポート
import numpy as np
import pandas as pd   # データを効率的に扱うライブラリ
import seaborn as sns # 視覚化ライブラリ
import warnings       # 警告を表示させないライブラリ
warnings.simplefilter('ignore')

'''
dataset(ドロップダウンメニュー)で選択したデータセットを読み込み、データフレーム(df)に格納。
目的変数は、データフレームの最終列とし、FEATURES、TARGET、X、yを指定した後、データフレーム
に関する情報と先頭5列を表示。
任意のCSVデータを読み込む場合は、datasetで'Upload'を選択。

'''

# 任意のCSVデータ読み込みおよびデータフレーム格納
if dataset =='Upload':
  from google.colab import files
  uploaded = files.upload()# Upload
  target = list(uploaded.keys())[0]
  df = pd.read_csv(target)
```

```
# Diabetesデータセットの読み込みおよびデータフレーム格納
elif dataset == "Diabetes :regression":
  from sklearn.datasets import load_diabetes
  diabetes = load_diabetes()
  df = pd.DataFrame(diabetes.data, columns = diabetes.feature_names)
  df['target'] = diabetes.target

# Breast_cancerデータセットの読み込みおよびデータフレーム格納
elif dataset == "Breast_cancer :binary":
  from sklearn.datasets import load_breast_cancer
  breast_cancer = load_breast_cancer()
  df = pd.DataFrame(breast_cancer.data, columns = breast_cancer.feature_
names)
  # df['target'] = breast_cancer.target  # 目的変数をカテゴリー数値とするとき
  df['target'] = breast_cancer.target_names[breast_cancer.target]

# Titanicデータセットの読み込みおよびデータフレーム格納
elif dataset == "Titanic :binary":
  data_url = "https://raw.githubusercontent.com/datasciencedojo/datasets/
master/titanic.csv"
  df = pd.read_csv(data_url)
  # 目的変数Survivedをデータフレーム最終列に移動
  X = df.drop(['Survived'], axis=1)
  y = df['Survived']
  df = pd.concat([X, y], axis=1)    # X,yを結合し、dfに格納

# Titanic(seaborn)データセットの読込みおよびデータフレーム格納
elif dataset == "Titanic(seaborn) :binary":
  df = sns.load_dataset('titanic')
  # 重複データをカットし、目的変数aliveをデータフレーム最終列に移動
  X = df.drop(['survived','pclass','embarked','who','adult_male','alive'],
axis=1)
  y = df['alive']                  # 目的変数データ
  df = pd.concat([X, y], axis=1)   # X,yを結合し、dfに格納

# irisデータセットの読み込みおよびデータフレーム格納
elif dataset == "Iris :classification":
  from sklearn.datasets import load_iris
  iris = load_iris()
  df = pd.DataFrame(iris.data, columns = iris.feature_names)
  # df['target'] = iris.target  # 目的変数をカテゴリー数値とするとき
  df['target'] = iris.target_names[iris.target]
```

```
# wineデータセットの読み込みおよびデータフレーム格納
elif dataset == "wine :classification":
  from sklearn.datasets import load_wine
  wine = load_wine()
  df = pd.DataFrame(wine.data, columns = wine.feature_names)
  # df['target'] = wine.target  # 目的変数をカテゴリー数値とするとき
  df['target'] = wine.target_names[wine.target]

# Loan_predictionデータセットの読み込みおよびデータフレーム格納
elif dataset == "Loan_prediction :binary":
  data_url = "https://github.com/shrikant-temburwar/Loan-Prediction-Dataset/
raw/master/train.csv"
  df = pd.read_csv(data_url)

# Occupancy_detectionデータセットの読み込みおよびデータフレーム格納
elif dataset =='Occupancy_detection :binary':
  data_url = 'https://raw.githubusercontent.com/hima2b4/Auto_Profiling/main/
Occupancy-detection-datatest.csv'
  df = pd.read_csv(data_url)
  df['date'] = pd.to_datetime(df['date'])    # [date]のデータ型をdatetime型
に変更

# Bostonデータセットの読み込みおよびデータフレーム格納
else:
  from sklearn.datasets import load_boston
  boston = load_boston()
  df = pd.DataFrame(boston.data, columns = boston.feature_names)
  df['target'] = boston.target

# データフレーム表示
df.info(verbose=True)              # データフレーム情報表示(verbose=Trueで表示数
制限カット)
df.head()                          # データフレーム先頭5行表示
```

SAMPLE CODE

```
#@title **データ項目一覧**
#@markdown **※データ項目一覧を表示します。以後のデータ項目の入力は、表示さ
れた項目をコピーアンドペーストすると確実です。**
print('データ項目名 :',df.columns.values)
```

「3.データクリーニング」のコード

データクリーニングの実行コードは次の通りです。

SAMPLE CODE

```
#@title 記号識別された欠損データをN.A.(NaN)に置換(☑ =実行)
#@markdown  ※missing_value_to_nan を☑すると、missing_value_symbol_is で指
定した欠損記号をNaNに置換します
missing_value_to_nan = True #@param {type:"boolean"}
missing_value_symbol_is = '---' #@param {type:"raw"}

# 指定記号をNaNに変換
if missing_value_to_nan == True:
  df = df.replace(missing_value_symbol_is, np.nan)
df.head()
```

主となる処理は、最後の3行です。もし、`missing_value_to_nan` が `True` (チェックボックスがON)なら、指定した記号(`missing_value_symbol_is`)をNaN(`np.nan`)にreplace(変換)し、先頭5行データを表示させる」という内容です。

SAMPLE CODE

```
#@title 不要なデータ項目の削除(項目名を指定し削除 | 7割以上が欠損値の項目を
削除☑)
#@markdown  **<font color= "Crimson">注意</font>:Drop_label_is(カラムを指定
して削除)の記載は <u> ' ID ' , ' Age '  </u> などとしてください。**</font>
Drop_label_is =  'sibsp', 'parch'#@param {type:"raw"}

try:
  if Drop_label_is is not "":
    Drop_label_is = pd.Series(Drop_label_is)
    print('-------------------------------------------------------------
------------------------')
    print("Drop of specified column:", Drop_label_is.values)
    df.drop(columns=list(Drop_label_is),axis=1,inplace=True)
  else:
    print('※削除カラムの指定なし→処理スキップ')
except:
    print("※正常に処理されませんでした。入力に誤りがないか確認してください。
")

# データの7割以上が欠損値のカラムを削除(☑ =実行)
Over_70percent_missing_value_is_drop = True #@param {type:"boolean"}

# 各列ごとに、7割欠損がある列を削除
```

▼

```
if Over_70percent_missing_value_is_drop == True:
  for col in df.columns:
    nans = df[col].isnull().sum()  # nanになっている行数をカウント

    # nan行数を全行数で割り、7割欠損している列をDrop
    if nans / len(df) > 0.7:
        # 7割欠損列を削除
        print('------------------------------------------------------------
-----------------------------')
        print("Drop of missing 70% column:", col)
        df.drop(col, axis=1, inplace=True)

print('------------------------------------------------------------------
----------------------')

df.head()
```

まず、try～except のブロックは、「Drop_label_is」に指定したデータ項目があるかないかを確認し、あれば print（表示）して drop（削除）、なければスキップしています。

下段の if 以降は、もし Over_70percent_missing_value_is_drop が True（チェックボックスがON）なら、各データ項目の欠損データをカウントし、合計が70%を超えていればデータ項目名を print（表示）し、データ項目を drop（削除）するという内容です。

SAMPLE CODE

```
#@title 欠損データを含む行を削除(☑ =実行)
Null_Drop  = True #@param {type:"boolean"}

if Null_Drop == True:
  df = df.dropna(how='any')
df.head()
```

主となる処理は、最後の3行です。もし、Null_Drop が True（チェックボックスがON）なら、dropna（欠損削除）し、先頭5行データを表示させる」という内容です。

SAMPLE CODE

```
#@title カテゴリーデータ項目を Labelエンコード(**対象 :Dtype が int64,
float64 以外のデータ項目**)
#@markdown  **<font color= "Crimson">注意</font>:指定は <u> ' ID ' , ' Age
' , </u> などとしてください。**
Object_label_to_encode_is = 'sex', 'embark_town', 'alive', 'alone', 'class'
#@param {type:"raw"}
Object_label_to_encode_is = pd.Series(Object_label_to_encode_is)
```

```
from sklearn.preprocessing import LabelEncoder

encoders = dict()

try:
  for i in Object_label_to_encode_is:
    if Object_label_to_encode_is is not "":
      series = df[i]
      le = LabelEncoder()
      df[i] = pd.Series(
        le.fit_transform(series[series.notnull()]),
        index=series[series.notnull()].index
        )
      encoders[i] = le
      print('-----------------------------------------------------------
--------------------------')
      print('[エンコードカラム]:',i)
      le_name_mapping = dict(zip(le.classes_, le.transform(le.classes_)))
      print(le_name_mapping)
    else:
      print('skip')

except:
    print("※正常に処理されなかった場合は入力に誤りがないか確認してください。
")
print('-----------------------------------------------------------------
---------------------')
df.head()
# https://stackoverflow.com/questions/54444260/labelencoder-that-keeps-
missing-values-as-nan
```

主な処理の内容は、次の通りです。

`try～except` では、「Object_label_to_encode_is:」に入力されたデータ項目を確認し、データ項目があればエンコーディングを実行します(なければスキップします)。

`notnull()` は、NaNデータ以外という指示です。これはエンコーディングによりNaN(欠損データ)が1つのクラスとして変換されないようにするためです(1つ前のセルで「欠損データを含むデータは行単位でカット」しているので実質影響はありませんが、このプログラムを流用する場合を考慮し、このようにしています)。

`le.classes_` で、`fit()` によって指定したデータ項目名がどのラベルに対応付けられたのかを取得することができます。

上記のコードから、Forms機能やエンコーディング結果表示などの内容を除き、ラベルエンコーディングの実行コードのみとすると、次ページのコードのようになります。

SAMPLE CODE

```
# ラベルエンコーディングを行うライブラリのインポート
from sklearn.preprocessing import LabelEncoder
# LabelEncoderのインスタンスを生成
le = LabelEncoder()
# ラベルエンコーディングするデータ項目を設定
le = le.fit(df['データ項目名'])
# ラベルを整数に変換
df['データ項目名'] = le.transform(df['データ項目名'])
```

SAMPLE CODE

```
#@title データ項目名を英訳(☑ =実行)
Column_English_translation = False #@param {type:"boolean"}

from googletrans import Translator

if Column_English_translation == True:

  eng_columns = {}
  columns = df.columns
  translator = Translator()

  for column in columns:
    eng_column = translator.translate(column).text
    eng_column = eng_column.replace(' ', '_')
    eng_columns[column] = eng_column
    df.rename(columns=eng_columns, inplace=True)

print('-----------------------------------------------------------------
---------------------')
print('[カラム名_翻訳結果(翻訳しない場合も表示)]')
print('-----------------------------------------------------------------
---------------------')
df.head(0)
```

データクリーニングした「Titanic」データの項目を、「sex」→「'性別'」、「age」→「'年齢'」、「fare」→「'乗船料金'」、「class」→「'乗船クラス'」、「embarked_town」→「'出港地'」、「alone」→「'ひとりか否か'」、「alive」→「'生死'」とする場合、次のコードで変更できます。

SAMPLE CODE

```
df.columns = ['性別', '年齢', '乗船料金', '乗船クラス', '出港地', 'ひとりか
否か', '生死']
df.head()
```

これを「データ項目名を英訳」の手前で実行し、「データ項目名を英訳」のコードを実行すると、下図のようになりました。まずまずの結果ではないでしょうか。この内容はNotebookには含めていませんが、簡単に実行できるので、試してみてください。

```
------------------------------------------------------------------------
[カラム名_翻訳結果 (翻訳しない場合も表示) ]
------------------------------------------------------------------------
  gender  age  Boarding_fee  Boarding_class  Exit  Is_it_alone?  life_and_death
```

同じデータ項目にintとfloatが混在している場合、「object」と認識されます。次のコードは、数値を強制的にfloatに変換する処理です。

SAMPLE CODE

```
#@title データは数値… データ型は Object とい時の強制数値化

#@markdown **※同じデータ項目にintとfloatが混在している場合、[object]と認識されます。**

#@markdown **※これは、強制的にfloatに変換する処理です。**

print('■変換結果','\n')
for col in Object_col:
  try:
    df[col] = df[col].astype('float64')
    print('✓',col,'→ change')
  except:
    print('✓',col,'→ skip')
```

dtreeviz(決定木のライブラリ)は、intとfloatが混在しているデータ項目があるとエラーとなります。数値データのデータ型が「object」となっている場合は実行してみてください。

Ⅲ 「4,決定木実行」のコード

下記は、決定木の実行コードです。

SAMPLE CODE

```
#@title **決定木**(木の深さ設定 | max_depth:2〜6 | ☑ =実行) { run: "auto" }
#Display_decision_tree = True #@param {type:"boolean"}

dataset_type = 'Regression' #@param ["Classification", "Regression"]
max_depth = 3 #@param {type:"slider", min:2, max:6, step:1}

# FEATURES、TARGET、X、yを指定
FEATURES = df.columns[:-1]      # 説明変数のデータ項目を指定
TARGET = df.columns[-1]         # 目的変数のデータ項目を指定
```

```
X = df.loc[:, FEATURES]          # FEATURESのすべてのデータをXに格納
y = df.loc[:, TARGET]            # TARGETのすべてのデータをyに格納

# dtreeviz import
from dtreeviz.trees import *

if dataset_type == 'Classification':
  CLASS_NAME = list(y.unique())
  dtree = tree.DecisionTreeClassifier(max_depth=max_depth)
  dtree.fit(X,y)
  viz = dtreeviz(dtree,X,y,
              target_name = TARGET,
              feature_names = FEATURES,
              # orientation='LR',
              class_names = CLASS_NAME,
              fontname='DejaVu Sans',
              # X = [3,3,3,5,3]
             )

if dataset_type == 'Regression':
  dtree = tree.DecisionTreeRegressor(max_depth=max_depth)
  dtree.fit(X,y)
  viz = dtreeviz(dtree,X,y,
              target_name = TARGET,
              feature_names = FEATURES,
              fontname='DejaVu Sans',
              # orientation='LR',
              # X = [3,3,5,3]
             )
viz
```

決定木は、dtreevizというライブラリを使用しています。

「2.データセット読込み」から除いた「FEATURES」「TARGET」「X」「y」を指定するコードをdtreeviz実行前に挿入しています。dtreevizは、分類データ(Classification)か回帰データ(Regression)かによって実行コマンドが異なるので、`dataset_type` で指定し、実行させています。

下記は、決定木(Regression:回帰)の実行コードのみの抜粋です。

SAMPLE CODE

```
dtree = tree.DecisionTreeRegressor(max_depth = max_depth)
dtree.fit(X,y)
viz = dtreeviz(dtree, X, y,
               target_name = TARGET,
               feature_names = FEATURES,
               fontname='DejaVu Sans')
viz
```

決定木(回帰)モデルを指定した木の深さ(`max_depth`)で適用(1行目)し、`X`、`y`で学習(2行目)させ、決定木描画を実行(3行目以降)するという内容です。

コードの`()`内で指定した引数を見ると、事前に設定した「FEATURES」「TARGET」「X」「y」が活きていることがわかると思います。

表示の向きの変更や予測表示、他にも変わった視覚化ができるライブラリです。詳しくは下記の公式ページを確認してください。

URL https://github.com/parrt/dtreeviz

Note

- 「# orientation='LR'」の「# 」を消すと、決定木の表示を横向きに変更することができます。
- 予測したいXの値をX=[X1,X2,X3,X4,…]とすると予測値を表示させることができます。

SAMPLE CODE

```
#@title **決定木 画像出力(☑ =実行)**  { run: "auto" }

Decision_tree_output = True #@param {type:"boolean"}

if Decision_tree_output == True:
  viz.save('Decission_tree_result.svg')
  from google.colab import files
  files.download('Decission_tree_result.svg')
```

SAMPLE CODE

```
#@title **Bivariate feature-target space**(木の深さ設定 | max_depth:2~6 | ☑
=実行)

dataset_type = 'Regression:3D' #@param ["Classification", "Regression:2D",
"Regression:3D"]
max_depth = 3 #@param {type:"slider", min:2, max:6, step:1}
```

```
X_column_name =  'LSTAT' #@param {type:"raw"}
y_column_name =  'RM' #@param {type:"raw"}

from sklearn.tree import DecisionTreeClassifier
from sklearn.tree import DecisionTreeRegressor
from dtreeviz.trees import *

# FEATURES、TARGET、X、yを指定
FEATURES = df.columns[:-1]     # 説明変数のデータ項目を指定
TARGET = df.columns[-1]        # 目的変数のデータ項目を指定
X = df.loc[:, FEATURES]        # FEATURESのすべてのデータをXに格納
y = df.loc[:, TARGET]          # TARGETのすべてのデータをyに格納

X_ = X[[X_column_name,y_column_name]] # グラフのX軸とy軸項目のみX_に格納

if dataset_type == 'Classification':
  dt = DecisionTreeClassifier(max_depth=max_depth)
  dt.fit(X_, y)

  ct = ctreeviz_bivar(dt, X_, y,
                      feature_names = [X_column_name,y_column_name],
                      class_names=list(y.unique()),
                      fontname='DejaVu Sans',
                      target_name=TARGET)

if dataset_type == 'Regression:2D':
  dtr2 = DecisionTreeRegressor(max_depth=max_depth, criterion="mae")
  dtr2.fit(X_, y)
  t = rtreeviz_bivar_heatmap(dtr2,
                             X_, y,
                             feature_names=[X_column_name,y_column_name],
                             fontname='DejaVu Sans',
                             fontsize=14)

if dataset_type == 'Regression:3D':
  dtr3 = DecisionTreeRegressor(max_depth=max_depth, criterion="mae")
  dtr3.fit(X_, y)
  figsize = (9, 9)
  fig = plt.figure(figsize=figsize)
  ax = fig.add_subplot(111, projection='3d')
  t = rtreeviz_bivar_3D(dtr3,
                        X_, y,
                        feature_names=[X_column_name,y_column_name],
```

```
                    target_name=TARGET,
                    fontsize=14,
                    fontname='DejaVu Sans',
                    elev=20,
                    azim=20,
                    dist=10,
                    show={'splits','title'},
                    ax=ax)

plt.tight_layout()
plt.show()
```

ライブラリの組み合せは自由自在

下表は、本書で使用した視覚化ライブラリの一覧です。

ライブラリ	インストール	インポート
seaborn-analyzer	!pip install seaborn-analyzer	from seaborn_analyzer import CustomPairPlot
pandas	(Google Colabプリインストール済)	import pandas as pd
pandas-bokeh	!pip install pandas-bokeh	import pandas_bokeh pandas_bokeh.output_notebook()
seaborn	(Google Colabプリインストール済)	import seaborn as sns
plotnine	(Google Colabプリインストール済)	from plotnine import *
dataprep	!pip install dataprep	from dataprep.eda import *
dtreeviz	!pip install dtreeviz --quiet	from dtreeviz.trees import *

いずれの視覚化ライブラリも、実行は「インストール」「インポート[4]」「描きたい内容に応じたライブラリ指定コマンド」の3点セットです。「インストール」は最初に一括で行い、データ読み込み処理を汎用化しておけば、描きたいグラフのコマンドブロックを任意に組み合わるだけです。

組み合せを目的に応じたものとすれば、オリジナルのプログラムが完成します。これは、本書で取り上げていないグラフを描く場合も、別のライブラリを利用する場合も同じです。ライブラリが異なる場合、コマンドや引数のルールの確認は必要ですが、先のよい応用につながればと思います。

[4]：本書のNotebookでは、インポートのコマンドを「描きたい内容に応じたライブラリ指定コマンド」の手前に都度配置し、そのコードブロックに含めています。これは、組み合わせのためにコードブロックを他に移動する際にインポートコマンドの移動を(筆者はよく)忘れてしまうからです。

CHAPTER 06

機械学習モデルの最適化

CHAPTER 06は、CHAPTER 05の続きにあたる「モデル評価」に関する内容です。CHAPTER 05と同じデータで、可能な限り良いモデルにチューニングし、それがどの程度、当てにできるものかを把握した上で、同じグラフを描きます。

CRISP-DM(CRoss Industry Standard Process for Data Mining)のプロセス(121ページ参照)のうち、CHAPTER 02〜04では「Data Understanding(データの理解)」に触れました。CHAPTER 05では主に「Data Preparation(データの準備)」に触れ、「Modeling(モデリング)」にも少し触れました。

CHAPTER06は「Modeling(モデリング)」と「Evaluation(評価)」のステップとなります。

SECTION-022
機械学習モデルを最適化するために必要なこと

機械学習モデルを最適化するためには、いくつかの手続きが必要です。本節では、必要な手続きとそれぞれを実行する理由を解説します。

訓練データとテストデータ

CHAPTER 05でも述べましたが、機械学習は、データを訓練データとテストデータに分け、訓練データでモデル学習、テストデータでモデル評価を行います。

たとえるなら、資格テストに臨む前に、5年分の過去問(データ)を準備し、4年分の過去問(訓練データ)で学習を繰り返して、残り1年分の過去問(テストデータ)で実力確認するということと同じです。ただ、注意しなければならないのは、テストデータとした過去問の難度が例年に比べて低いときは、テストの点数が実力以上となる場合があるということです。

これは機械学習も同じです。訓練データとテストデータによって偶然いい性能となる可能性があるので、偶然的な要素を減らすため、データをシャッフルしてから訓練データとテストデータに8対2や9対1などに分けられます。

また、分類データの場合は、学習データとテストデータのクラスの比率も気にかけないといけません。2クラス分類では{合格, 不合格}、{正常, 異常}、{承認, 否認}など、ラベルでいえば0か1のいずれかになります。学習データとテストデータに分割する0または1のラベルの比率はもとのデータの比率と一致していることが望ましいですが、たとえば{正常, 異常}データの場合、異常データは正常データよりも少ないことが多く、考慮せずにデータを分割すると「テストデータには正解データしかなかった」ということが起こりえます。

機械学習は、未知のデータに対するモデルの汎化性能を高めるのが目的です。

モデルをできるだけ正しく評価するため、次のようなアプローチが取られます。

- データを事前にシャッフルし、学習データとテストデータに分ける(データをk個に分割し、k通りのテストデータで検証する方法もあります)。
- 分類データの場合は、学習データとテストデータのクラスの比率を均一にする。

モデルのチューニングについて

機械学習モデルには、アルゴリズムの挙動を制御するパラメータがあり、人が設定するパラメータのことを「ハイパーパラメータ」といいます。前章の決定木モデルで変更した「max_depth(木の深さ)」は、決定木モデルのハイパーパラメータの1つです。

このハイパーパラメータの条件を振って学習し、その中から一番精度が高い組み合わせを見つけるのがモデルのチューニングの目的になります。

チューニングは、効率面から次のようなアプローチが取られます。

- 重要なハイパーパラメータのみに絞る。
- ハイパーパラメータの値は細かくし過ぎたり、範囲を広げすぎないようにする。

「scikit-learn」ライブラリ

Pythonには、上記で説明した訓練データとテストデータの振り分け、分類データの均一化、ハイパーパラメータチューニング、モデル性能の評価などの機械学習の一連の手続きが実行できるscikit-learnという機械学習ライブラリがあります。

訓練データとテストデータを分ける比率やチューニングするハイパーパラメータ、検証におけるテストデータ分割数等を設定するだけで、自動で実行してくれる優れたライブラリです。

モデルの評価指標

機械学習モデルには、さまざまな評価指標があり、これらの指標は分類データと回帰データによって異なります。モデルのよしあしを把握するためには評価指標を知っておく必要があるので、本節では実行例に沿って紹介します。

決定木モデルで最適化

下図は、CHAPTER 05と同様に「Titanic」データセットに決定木モデルを適用し、最適化を行った結果です（実行コードは後で説明します）。

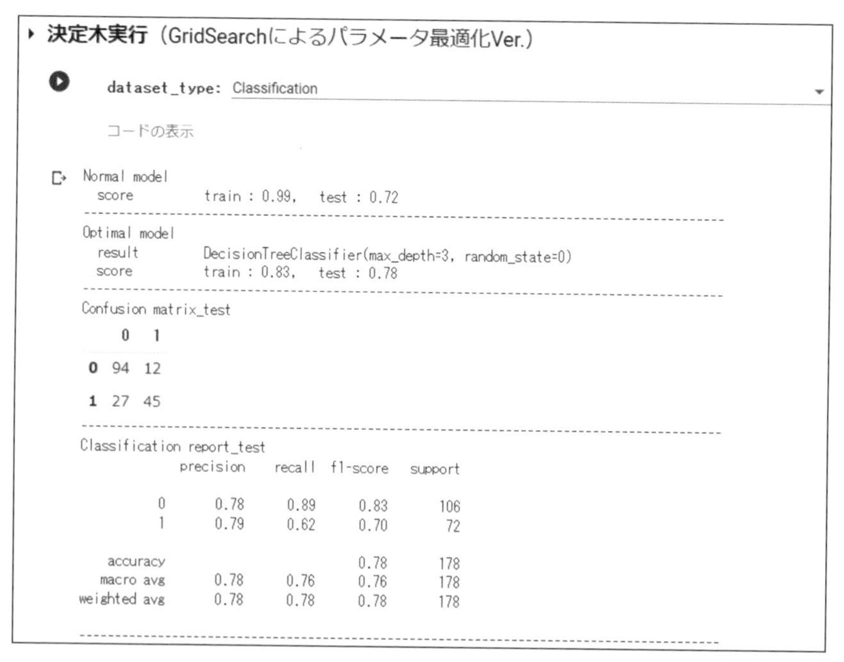

表示された、**Normal model**、**Optimal model**、**Confusion matrix_test**、**Classification report_test**は、分類データにおける評価指標とその結果です。

▶Normal model

下図は、Normal modelの結果です。

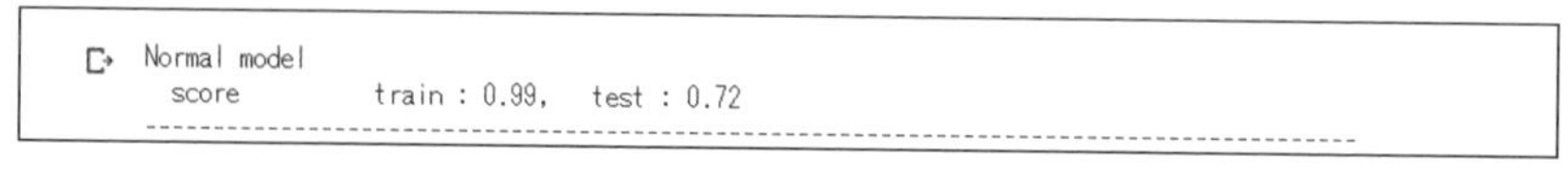

scoreはモデルが導いた結果の正解率です。

訓練データの正解率はかなり高い(train : 0.99)ですが、テストデータの正解率はソコソコ(test : 0.72)です。訓練データの正解率だけが高い場合は注意が必要です。訓練データに過適合(過学習)した可能性があるからです。

▶Optimal model

下図は、Optimal modelの結果です。

```
Optimal model
  result        DecisionTreeClassifier(max_depth=3, random_state=0)
  score         train : 0.83,   test : 0.78
----------------------------------------------------------------------------------------
```

適用したモデル名と最適条件(result)、最適化後の正解率(score)が示されています。

Normal modelのscoreと比較すると、訓練データによる正解は0.99→0.83に、テストデータの正解率は0.72→0.78となりました。過学習は抑制され、性能も向上したことがわかります。

▶Confusion matrix_test

下図は、Confusion matrix_testの結果です。

```
Confusion matrix_test
     0   1
0   94  12
1   27  45
----------------------------------------------------------------------------------------
```

このマトリクスは、2値分類の予測を「0～0.5未満」→「0」、「0.5以」→「1」とし、行に真値、列に予測値を配置した「混同行列」と呼ばれるものです。「混同行列」の各マス目の意味合いは下表となります。

	予測値:0	予測値:1
真値:0	TP	FN
真値:1	FP	TN

上記の表の「TP」「FP」「TN」「FN」は、次の通りです。

- TP : True Positive。真値と予測値の両方が正であったもの。
- FP : False Positive。真値が負なのに、誤って正と予測値したもの(誤検知、偽陽性)。
- TN : True Negative。真値と予測値の両方が負であったもの。
- FN : False Negative。真値が正なのに、誤って負と予測値したもの(偽陰性)。

左下(FP)、右上(FN)=0が理想となります。セルに表示された結果を見ると、正解データは、全178データのうちの139データ(94+45)となっています。正解率は139÷178=0.78です(これは先ほどのtestのscore結果と同じです)。

▶Classification report_test

Classification report_testでは、分類データの代表的な評価指標がひとまとめに表示されます。

```
Classification report_test
              precision    recall  f1-score   support

           0       0.78      0.89      0.83       106
           1       0.79      0.62      0.70        72

    accuracy                           0.78       178
   macro avg       0.78      0.76      0.76       178
weighted avg       0.78      0.78      0.78       178

--------------------------------------------------------------------------------
```

Precisionは「適合率」です。正と予測したものの正確性を見る指標です。しかし、実際には正だったけど、誤って負と予測したものは考慮していません。これを補うのが次のRecallです。

Recallは「再現率」です。真値が正であったもののうち、どれだけ正と予測できたかを見る指標です。Recallは、正の真値をどれだけ正確に予測できたかを測ります。

火災報知器であれば、「火災ではないときに火災と誤って判断する」よりも「火災を火災ではないと誤って判断する」ことを避けることの方が重要です。このような場合は、Recallが重視されます。

このように、PrecisionとRecallのどちらを重視するかはそれぞれの性質と分析の目的に合わせて選択しますが、いずれも重視する場合は次のF1を指標とします。

F1(F1-score)は「PrecisionとRecallの調和平均」です。PrecisionとRecallの両方を考慮した指標がF1になります。

直感的に最も理解しやすい指標は「予測がどれだけ正しかったか」を見る**Accuracy**(正解率)ですが、先ほどの火災報知器のようにRecallを重視すべきなどという場合、Accuracyだけでは正確な判断ができません。指標は、いずれの立場からも確認できる混同行列とあわせて確認することが望ましいといえます。

なお、**support**は、指定したデータ(この場合はテストデータ)におけるクラスの出現回数です。

▶決定木

下図は、最適条件で描いた決定木です。

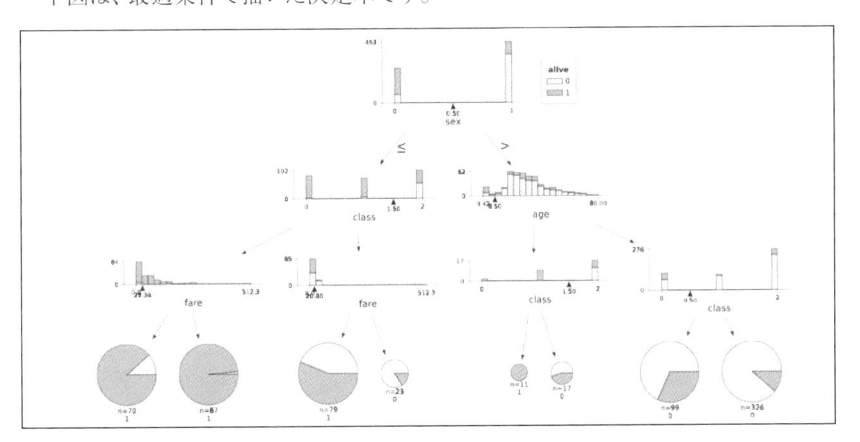

これは、dtreevizというライブラリで描いたものです。CHAPTER 05で描いた決定木から大きくは変わっていませんが、「予測をどの程度あてにしてよいか?」が把握できているか否かは大きな差と思います。

▶決定木に予測結果を表示する

dtreevizは、説明変数が特定の値を取ったときの予測結果を表示することもできます。

下記は、dtreevizの実行コードです。引数に X があり、ここで結果予測したい説明変数の値を指定できます。

SAMPLE CODE

```
viz = dtreeviz(gs_dtv.best_estimator_, X, y,
               target_name = TARGET,
               feature_names = FEATURES,
               fontname='DejaVu Sans',
               # orientation='LR',
               X = [0,30,20,0,1,0],
               class_names = list(y.unique()))
```

データクリーニングを行った「Titanic」データセットの場合、データ項目(説明変数)は、「sex」「age」「fare」「class」「embark_town」「alone」の6つになりました。

データ項目	内容
sex(性別)	'female'(女性):0、'male'(男性):1
age(年齢)	連続量
fare(乗船料)	連続量
class(乗船クラス)	'First'(ファーストクラス):0、'Second'(セカンドクラス):1、'Third'(サードクラス):2
embark_town(出港地)	'Cherbourg': 0、'Queenstown': 1、'Southampton': 2
alone(一人で乗船したかどうか)	False: 0(単独乗船ではない)、True: 1(単独乗船)

仮に、「女性、30歳、20$、ファーストクラス、Queenstown、単独乗船ではない」場合の生存状況を予測したい場合、`X = [0,30,20,0,1,0]`となり、これで実行すると、下図のように、指定した条件のパスと予測結果が決定木に表示されます。

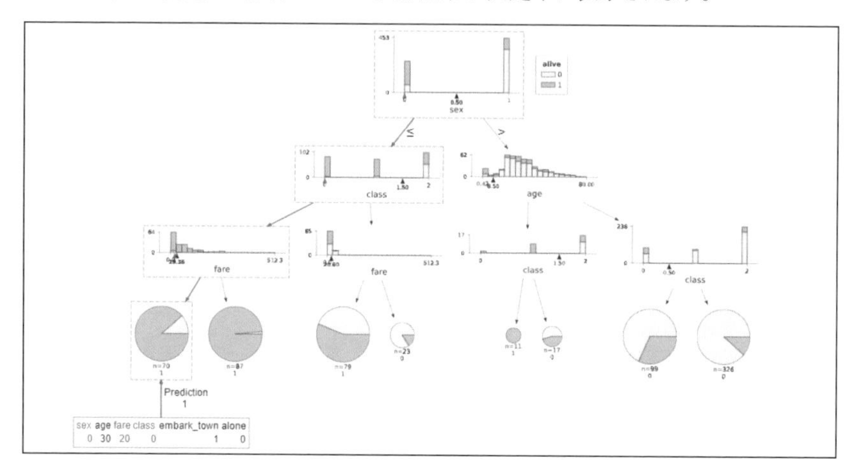

この表示もわかりやすく、とてもいいです。

▶回帰データでも実行

同じように、回帰データでも実行できます。

下図は、「Boston_housing: regression」データで実行した結果です。

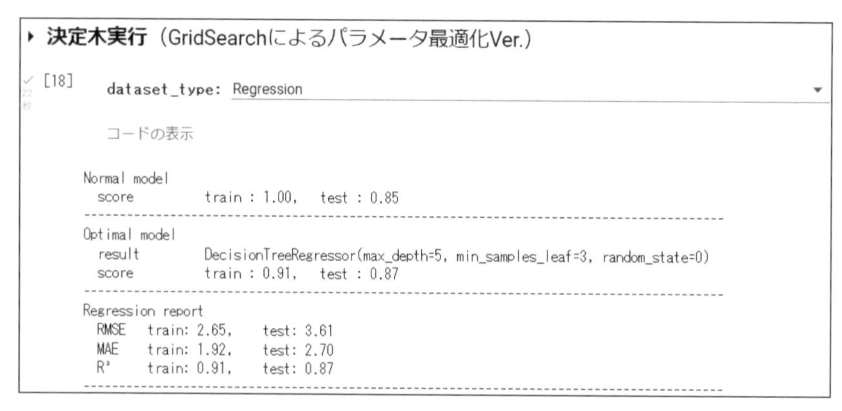

```
▸ 決定木実行 (GridSearchによるパラメータ最適化Ver.)

[18]   dataset_type: Regression

       コードの表示

Normal model
  score          train : 1.00,   test : 0.85
------------------------------------------------------------------------
Optimal model
  result         DecisionTreeRegressor(max_depth=5, min_samples_leaf=3, random_state=0)
  score          train : 0.91,   test : 0.87
------------------------------------------------------------------------
Regression report
  RMSE   train: 2.65,   test: 3.61
  MAE    train: 1.92,   test: 2.70
  R²     train: 0.91,   test: 0.87
------------------------------------------------------------------------
```

このデータも、Normal modelの結果から、訓練データへの過適合(過学習)の傾向が見られますが、最適化(Optimal model)により過学習は抑制され、性能向上が図れられています。評価指標は、分類データで実行したものと異なる指標が表示されます。

Regression Reportに表示された指標の内容は、次の通りです。

指標	説明
RMSE	誤差の指標であるMSE（平均二乗誤差）は誤差平均を求める際にプラスとマイナスが相殺しないよう誤差を二乗した値だがMSEは目的変数とスケールが合わないので、MSEの平方根をとることでスケールを合わせたのがRMSE（二乗平均平方根誤差）。
MAE	「予測値と正解値の差（=誤差）」の絶対値を計算し、その総和をデータ数で割った値。つまり真の値と予測値の差の絶対値の平均。平均絶対値誤差（Mean Absolute Error）という。絶対値しか計算しないのでもとの数値とスケールが同じなので理解しやすい。
R^2	「モデルによる予測」によって予測誤差がどの程度、改善しているかを表す指標。R^2はモデルがデータをどの程度説明できているのかを表す指標なので、大きいほど予測精度が高いモデルとなる。R^2は基本的には0から1の間の値をとる（Normal model、Optimal modelのscoreはR^2）

最適条件における決定木は下図の通りです。

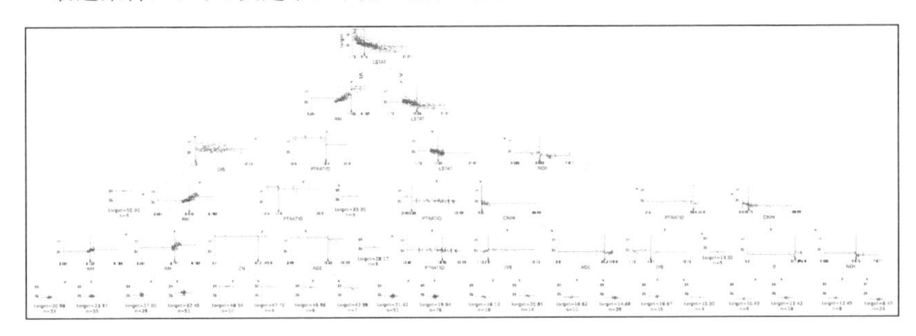

SECTION-024

決定木モデル最適化の実行コードの解説

決定木モデル最適化の実行コードを、分類モデルにおける内容にて要素ごとに解説します。

testとtrainを分割

下記は、訓練データとテストデータに分ける処理です。

SAMPLE CODE

```
from sklearn.model_selection import train_test_split
X_train, X_test, y_train, y_test = train_test_split(X, y, random_state =1,
stratify = y)
```

機械学習ライブラリsklearnよりtrain_test_splitをインポートし、上記のように`X`、`y`を指定して実行すると、データが`X_train`、`X_test`、`y_train`、`y_test`に分割されます。

`random_state`に何らかの値を指定すると「再度同じ処理を実行した際に同じデータを取得」します。つまり、同じデータなら何度実行してもいつでも同じ結果になります。

`stratify`を指定すると、指定した変数のクラスの比率が一致するように訓練データとテストデータが分割されます。

`train_test_split`によるデータの分割は、シャッフルした上で行われます。

決定木

決定木モデルに訓練データを与えて学習させる処理は、次の通りです。

SAMPLE CODE

```
from sklearn.tree import DecisionTreeClassifier
dtv = DecisionTreeClassifier(random_state=0)
pre_dtv = dtv.fit(X_train, y_train)
```

機械学習ライブラリ「sklearn」より`DecisionTreeClassifier`をインポートし、モデルを準備して、`X_train`、`y_train`で`fit`(学習)させ、`pre_dtv`に格納するという処理です。

SAMPLE CODE

```
print('  score \t train : %.2f,\t test : %.2f' % (pre_dtv.score(X_train, y_
train),pre_dtv.score(X_test, y_test)))
```

正解率は`モデル名.socre()`で得ることができます。

上記は、`X_train`、`y_train`と`X_test`、`y_test`を与え、訓練データとテストデータの正解率を表示するコードです。

score の値は、小数点以下2桁に丸めて表示させています。下記は、単純化した適用例です。

SAMPLE CODE

```
π = 3.141592653589793238
print("%.2f" % π)        # 3.14 と表示される
```

下記は、最適化したいハイパーパラメーターの水準指定と学習の処理です。

SAMPLE CODE

```
gs_dtv = GridSearchCV(dtv,
                      param_grid = {'max_depth': [1, 2, 3, 4, 5, 6, 7],
                      'min_samples_leaf':[1, 2, 3, 4, 5, 6, 7, 8, 9, 10],
                      'min_samples_split':[2, 3, 4, 5]},
                      cv = 10)

gs_dtv.fit(X_train, y_train)
```

max_depth は木の深さです。min_samples_leaf は葉を構成する最小サンプル数です。min_samples_split はノードを分割する最小サンプル数です。cv はデータをいくつに分割し、検証するかの指定です。

ハイパーパラメーターの設定は、max_depth を 1 ～ 7 の7条件、min_samples_leaf を 1 ～ 10 の10条件、min_samples_split を 2 ～ 5 の4条件としています。

cvは、交差検証(Cross-Validation)です。これを10分割(cv=10)としていますので、7×10×4=280通りの組み合わせで10回の交差検証を行うことになります。交差検証は、データをk個に分割し、そのうち1つをテストデータに残りのk-1個を学習データとして評価を行います。これをk個のデータすべてが1回ずつテストデータになるようにk回学習を行って精度の平均をとる手法です。

上記は、交差検証を10回としているので、280通り×10回=計2800回の検証を行い、280通りの組み合わせから最適条件が選択されることになります。

これだけの設定でハイパーパラメーターチューニングができるはすごいですね。

SAMPLE CODE

```
print('  result\t',gs_dtv.best_estimator_)
print('  score \t train : %.2f,\t test : %.2f' % (gs_dtv.score (X_train, y_
train),gs_dtv.score (X_test,y_test)))
```

最適パラメータ条件は モデル名.best_estimator_ で得ることができます。

上記は、最適パラメータ条件と、X_train 、y_train と X_test 、y_test を与えたときに正解率を表示するコードです。

▶評価指標

予測値は、`モデル名.predict()` で得ることができます。

SAMPLE CODE
```
y_train_pred = gs_dtv.predict(X_train)
y_test_pred = gs_dtv.predict(X_test)
```

上記は、`X_train`、`X_test` を与えたときの `y` の予測値を求め、`y_train_pred`、`y_test_pred` に格納するコードです。

▶「confusion_matrix」と「classification report」

「confusion_matrix」と「classification report」も、機械学習ライブラリsklearnで簡単に実行できます。

次のようにインポートし、`y_test`、`y_test_pred` を与えるだけです。なお、下記では、`confusion_matrix` のみデータフレームに格納し、表示させています。

SAMPLE CODE
```
from sklearn.metrics import confusion_matrix
from sklearn.metrics import classification_report  # classification report

cm = confusion_matrix(y_test,y_test_pred)  # 混同行列
cm = pd.DataFrame(data = cm)
display(cm)

# classification report
print(classification_report(y_true=y_test, y_pred=y_test_pred))
```

▶決定木と分類・回帰データの実行コードを合算する

下記は、分類・回帰ともに実行できるように、Google ColabのForms機能を含め、実装したコードです。

SAMPLE CODE
```
#@title **決定木実行**(GridSearchによるパラメータ最適化Ver.)

dataset_type = 'Classification' #@param ["Classification", "Regression"]

# FEATURES、TARGET、X、yを指定
FEATURES = df.columns[:-1]     # 説明変数のデータ項目を指定
TARGET = df.columns[-1]        # 目的変数のデータ項目を指定
X = df.loc[:, FEATURES]        # FEATURESのすべてのデータをXに格納
y = df.loc[:, TARGET]          # TARGETのすべてのデータをyに格納

# dtreeviz import
from dtreeviz.trees import *
```

```
# testとtrainを分割
from sklearn.model_selection import train_test_split

if dataset_type == 'Classification':
  X_train, X_test, y_train, y_test = train_test_split(X, y, random_state = 1,
stratify = y)
else:
  X_train, X_test, y_train, y_test = train_test_split(X, y, random_state = 1,
test_size=0.25)

# ライブラリのインポート
from sklearn.tree import DecisionTreeRegressor
from sklearn.tree import DecisionTreeClassifier
from sklearn.model_selection import GridSearchCV

# GridSearch実行
if dataset_type == 'Classification':
  dtv = DecisionTreeClassifier(random_state=0)
  pre_dtv = dtv.fit(X_train, y_train)
  print('Normal model')
  print('  score \t train : %.2f,\t test : %.2f'% (
      pre_dtv.score(X_train, y_train),
      pre_dtv.score(X_test, y_test)))

else:
  dtv = DecisionTreeRegressor(random_state=0)
  pre_dtv = dtv.fit(X_train, y_train)
  print('Normal model')
  print('  score \t train : %.2f,\t test : %.2f'% (
      pre_dtv.score(X_train, y_train),
      pre_dtv.score(X_test, y_test)))


gs_dtv = GridSearchCV(dtv,
                      param_grid = {'max_depth': [1, 2, 3, 4, 5, 6, 7],
                      'min_samples_leaf':[1, 2, 3, 4, 5, 6, 7, 8, 9, 10],
                      'min_samples_split':[2, 3, 4, 5]},
                      cv = 10)

gs_dtv.fit(X_train, y_train)

# パラメータ最適化 ⇒ DecisionTree出力
```

```
if dataset_type == 'Classification':
    viz2 = dtreeviz(gs_dtv.best_estimator_,
                    X_train,
                    y_train,
                    target_name = TARGET,
                    feature_names = FEATURES,
                    fontname='DejaVu Sans',
                    # orientation='LR',
                    # X = [3,3,5,3], # 予測表示する場合はここに説明変数の値を入力
                    class_names = list(y.unique())
                   )
else:
    viz2 = dtreeviz(gs_dtv.best_estimator_,
                    X_train,
                    y_train,
                    target_name = TARGET,
                    feature_names = FEATURES,
                    fontname='DejaVu Sans',
                    # orientation='LR',
                    # X = [3,3,5,3]
                   )

print('------------------------------------------------------------------------------------------------------')
print('Optimal model')
print('  result\t',gs_dtv.best_estimator_)
print('  score \t train : %.2f,\t test : %.2f' % (
gs_dtv.score (X_train, y_train),
gs_dtv.score (X_test,y_test)))
print('------------------------------------------------------------------------------------------------------')

# 指標関連ライブラリのインストール
from sklearn.metrics import r2_score    # 決定係数
from sklearn.metrics import mean_squared_error  # RMSE
from sklearn.metrics import mean_absolute_error
from sklearn.metrics import confusion_matrix
from sklearn.metrics import classification_report  # classification report

# 予測値
y_train_pred = gs_dtv.predict(X_train)
y_test_pred = gs_dtv.predict(X_test)
```

```
if dataset_type == 'Classification':
  print('Confusion matrix_test')
  # 混同行列
  cm = confusion_matrix(y_test,y_test_pred)
  cm = pd.DataFrame(data = cm)
  display(cm)
  print('-------------------------------------------------------------
----------------------')
  print('Classification report_test')
  print(classification_report(y_true=y_test, y_pred=y_test_pred))

else:
  print('Regression report')
  print('  RMSE\t train: %.2f,\t test: %.2f' % (
      mean_squared_error(y_train, y_train_pred, squared=False),
      mean_squared_error(y_test, y_test_pred, squared=False)))
  print('  MAE\t train: %.2f,\t test: %.2f' % (
      mean_absolute_error(y_train, y_train_pred),
      mean_absolute_error(y_test, y_test_pred)))
  print('  R²\t train: %.2f,\t test: %.2f' % (
        r2_score(y_train, y_train_pred), # 学習
        r2_score(y_test, y_test_pred)    # テスト
      ))
print('-------------------------------------------------------------
---------------------')

viz2
```

「2つの説明変数と目的変数の関連」の視覚化

「2つの説明変数と目的変数の関連」の視覚化も、CHAPTER 05と同じように実行できます。

「Titanic」データの「'age'」「'class'」の2変数で実行する

「'age'」「'class'」の2変数で実行すると、下図のように表示されます。

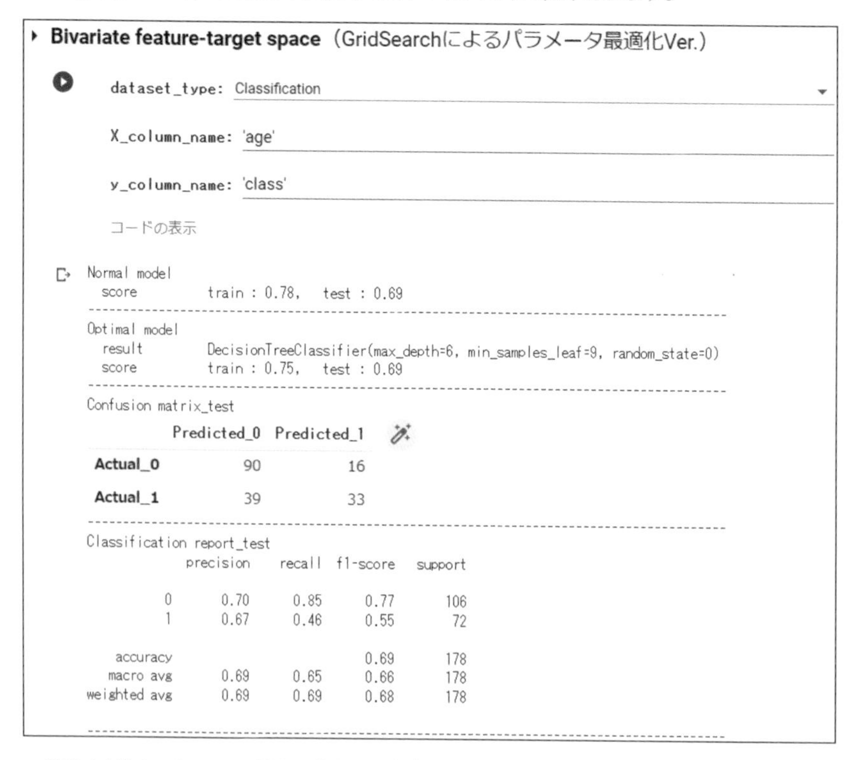

取り上げているデータ項目が少ないこともあり、ハイパーパラメーターチューニングの効果は得られていません(NormalとOptimalの「test score」に差はありません)。

モデル性能の向上を図ることはできませんでしたが、深くするほどscoreが上がる傾向にある「木の深さ(max_depth)」は、性能との過学習とのバランスが確認された上で「6」と示されているので、この点はすっきりです。

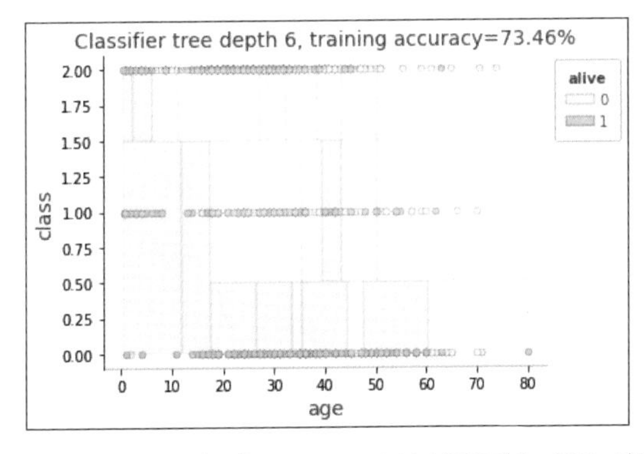

「Classification report_test」の「accuracy 0.69」(69%)と、グラフ表示された「training accuracy=73.46%」が一致しないのは、算出している範囲が異なるためです。後者はすべてのデータを対象にしています。

「Boston」データの「'LSTAT'」「'RM'」の2変数で実行する

このデータでは最適化による効果が出ています。2つの説明変数でこれだけ説明できれば、傾向に沿ったアクションにつなげられるかもしれません。

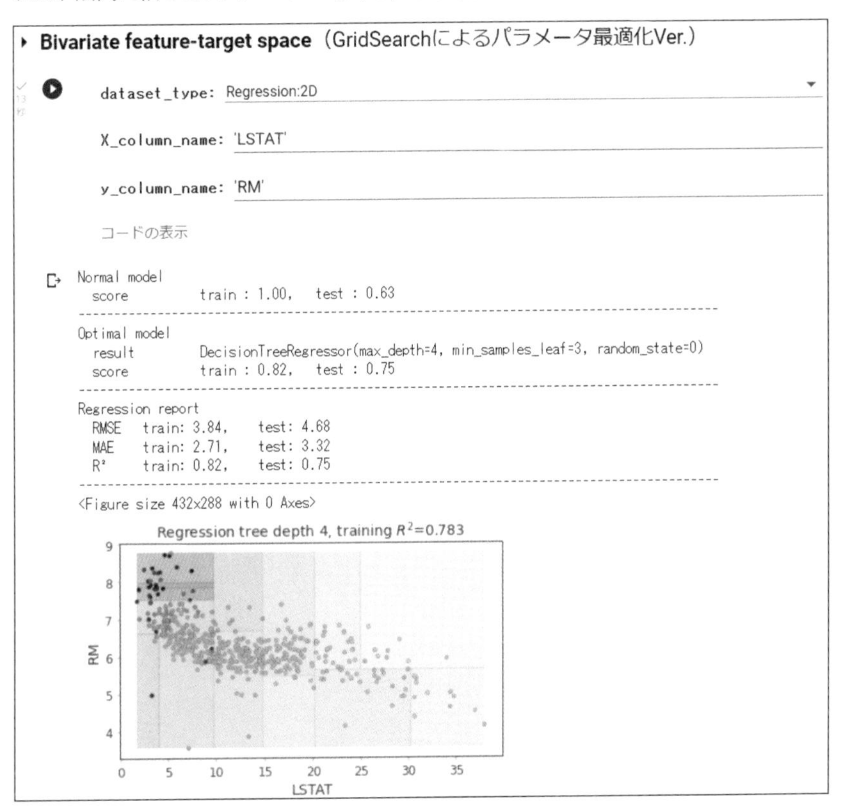

下図は、3Dグラフです。グラフ表現が異なるだけで、最適パラメーターやR^2の値は2Dと同じです。

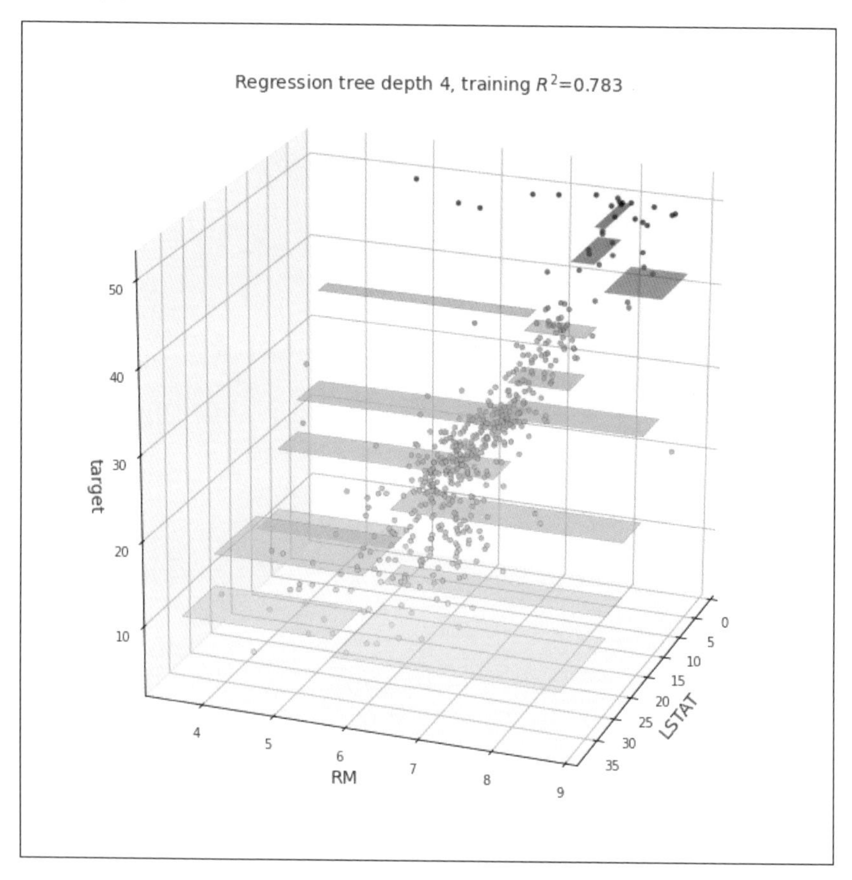

Ⅲ「2つの説明変数と目的変数の関連」の視覚化の実行コード

下記は、「2つの説明変数と目的変数の関連」の視覚化の実行コードです。

SAMPLE CODE

```
#@title **Bivariate feature-target space**(GridSearchによるパラメータ最適化Ver.)

dataset_type = 'Regression:3D' #@param ["Classification", "Regression:2D",
"Regression:3D"]
X_column_name =  'LSTAT' #@param {type:"raw"}
y_column_name =  'RM' #@param {type:"raw"}

# FEATURES、TARGET、X、yを指定
FEATURES = df.columns[:-1]     # 説明変数のデータ項目を指定
```

```
TARGET = df.columns[-1]        # 目的変数のデータ項目を指定
X = df.loc[:, FEATURES]        # FEATURESのすべてのデータをXに格納
y = df.loc[:, TARGET]          # TARGETのすべてのデータをyに格納

X_ = X[[X_column_name,y_column_name]] # グラフのX軸とy軸項目のみX_に格納

# testとtrainを分割
from sklearn.model_selection import train_test_split

if dataset_type == 'Classification':
  X_train_, X_test_, y_train_, y_test_ = train_test_split(X_, y, random_
state = 1, stratify = y)
else:
  X_train_, X_test_, y_train_, y_test_ = train_test_split(X_, y, random_
state = 1, test_size=0.5)

# ライブラリのインポート
from sklearn.tree import DecisionTreeClassifier
from sklearn.tree import DecisionTreeRegressor
from dtreeviz.trees import *
from sklearn.model_selection import GridSearchCV

plt.clf()

# GridSearch実行
if dataset_type == 'Classification':
  dt = DecisionTreeClassifier(random_state=0)
  pre_dt = dt.fit(X_train_, y_train_)
  print('Normal model')
  print('  score \t train : %.2f,\t test : %.2f'% (
      pre_dt.score(X_train_, y_train_),
      pre_dt.score(X_test_, y_test_)))

else:
  dt = DecisionTreeRegressor(random_state=0)
  pre_dt = dt.fit(X_train_, y_train_)
  print('Normal model')
  print('  score \t train : %.2f,\t test : %.2f'% (
      pre_dt.score(X_train_, y_train_),
      pre_dt.score(X_test_, y_test_)))

gs_dt = GridSearchCV(dt,
                     param_grid = {'max_depth': [1, 2, 3, 4, 5, 6, 7],
```

```
                    'min_samples_leaf':[1, 2, 3, 4, 5, 6, 7, 8, 9, 10],
                    'min_samples_split':[2, 3, 4, 5]},
                    cv = 10)

gs_dt.fit(X_train_, y_train_)

# パラメータ最適化 ⇒ グラフ出力
if dataset_type == 'Classification':
  ct_ = ctreeviz_bivar(gs_dt.best_estimator_, X_, y,
                       feature_names = [X_column_name,y_column_name],
                       class_names=list(y.unique()),
                       fontname='DejaVu Sans',
                       target_name=TARGET)

if dataset_type == 'Regression:2D':
  t_ = rtreeviz_bivar_heatmap(gs_dt.best_estimator_,
                              X_, y,
                              feature_names=[X_column_name,y_column_name],
                              fontname='DejaVu Sans',
                              fontsize=14)

if dataset_type == 'Regression:3D':
  figsize = (9, 9)
  fig = plt.figure(figsize=figsize)
  ax = fig.add_subplot(111, projection='3d')
  t = rtreeviz_bivar_3D(gs_dt.best_estimator_,
                        X_, y,
                        feature_names=[X_column_name,y_column_name],
                        target_name=TARGET,
                        fontsize=14,
                        fontname='DejaVu Sans',
                        elev=20,
                        azim=20,
                        dist=10,
                        show={'splits','title'},
                        ax=ax)

print('-----------------------------------------------------------------------
---------------------')
print('Optimal model')
print('  result\t',gs_dt.best_estimator_)
print('  score \t train : %.2f,\t test : %.2f' % (
gs_dt.score (X_train_, y_train_),
```

```
gs_dt.score (X_test_,y_test_)))

print('-------------------------------------------------------------------------------------------')

# 指標関連ライブラリのインポート
from sklearn.metrics import r2_score   # 決定係数
from sklearn.metrics import mean_squared_error  # RMSE
from sklearn.metrics import mean_absolute_error  # MAE
from sklearn.metrics import confusion_matrix  # 混同行列
from sklearn.metrics import classification_report  # classification report

# 予測値
y_train_pred_ = gs_dt.predict(X_train_)
y_test_pred_ = gs_dt.predict(X_test_)

if dataset_type == 'Classification':
  print('Confusion matrix_test')
  # 混同行列
  cm_=confusion_matrix(y_test_,y_test_pred_)
  index1 = ["Actual_0", "Actual_1"]
  columns1 =["Predicted_0", "Predicted_1"]
  cm_=pd.DataFrame(data = cm_, index=index1, columns=columns1)
  display(cm_)
  print('-------------------------------------------------------------------------------------------')
  print('Classification report_test')
  print(classification_report(y_true=y_test_, y_pred=y_test_pred_))

else:
  print('Regression report')
  print('  RMSE\t train: %.2f,\t test: %.2f' % (
      mean_squared_error(y_train_, y_train_pred_, squared=False),
      mean_squared_error(y_test_, y_test_pred_, squared=False)))
  print('  MAE\t train: %.2f,\t test: %.2f' % (
      mean_absolute_error(y_train_, y_train_pred_),
      mean_absolute_error(y_test_, y_test_pred_)))
  print('  R²\t train: %.2f,\t test: %.2f' % (
        r2_score(y_train_, y_train_pred_), # 学習
        r2_score(y_test_, y_test_pred_)    # テスト
      ))
print('-------------------------------------------------------------------------------------------')
```

```
plt.tight_layout()
plt.show()
```

「傾向はわかったけど、この結果はどの程度あてになるの?」というシンプルな問いかけに簡単に答えられるかは、未知のデータに対する汎化性能をどれだけ確保できるかにかかっています。

補足

「Pythonで視覚化[Preparation編].ipynb」にコードセルを追加し、上記の「決定木実行(GridSearchによるパラメータ最適化Ver.)」のコードと「Bivariate feature-target space(GridSearchによるパラメータ最適化Ver.)」のコードをコピーすれば、同じように実行することができます。

APPENDIX

Google ColabのForms機能について

　ここでは、Google ColabのForms機能を適用例に沿って紹介します。

Google ColabのForms機能

Google Colabは、Notebookのセルに「文字や数値の入力枠」「ドロップダウンメニュー」「チェックボックス」などのUIを簡単に実装することができます。

これは**Forms**と呼ばれる機能で、コード表示を隠すこともできるので、各章で実行したように(コードを操作することなく)Notebookをアプリケーション的に扱うことができます。

下記は、SciPyという科学技術計算ライブラリを利用した「正規分布に従うある値の上側・下側確率を求めるプログラム」です。たとえば、「男性の身長が平均(μ)172cm、標準偏差(σ)6cmの正規分布に従うとき、身長(x)185cm以上の男性の確率はどれくらいだろうか?」を求めるといった内容になります。

SAMPLE CODE

```
# ライブラリ
import numpy as np
from scipy import stats
from scipy.stats import norm
import matplotlib.pyplot as plt

# 期待値・標準偏差・規格値を指定
μ = 172
σ = 6
x = 185

# 正規分布生成·確率計算
X = np.linspace(μ-5*σ, μ+5*σ, 100) #等差数列を生成
norm_pdf = stats.norm.pdf(x=X, loc=μ, scale=σ) # 確率密度関数を生成
p = norm.cdf(x=x,loc=μ,scale=σ) # 確率計算
pdf_max = stats.norm.pdf(x=μ, loc=μ, scale=σ)

# グラフ描画
plt.figure(figsize=(6,4))
plt.plot(X, norm_pdf, lw=3) #確率密度関数描画
plt.vlines(x, 0, pdf_max, color="red", lw=0.8) # ある値 x
plt.vlines(μ, 0, pdf_max, lw=0.5) # 中心線 mu
plt.hlines(0, μ-5*σ, μ+5*σ, lw=0.5) #横線
plt.text(x+1, pdf_max-0.005, 'x', fontsize = 12) # xをグラフに表示

# 結果表示
print('【正規分布】ある値の上側・下側確率を算出しよう！')
print('--------------------------------------------------')
```

```
print('平均 :',μ,'| 標準偏差 :',σ,' | ある値 x:',x)
plt.show()
print('下側確率は ',p*100,'% ')
print('上側確率は ',(1-p)*100,'% ')
```

Google ColabのNotebookのセルに入力すると、下図のようになります。

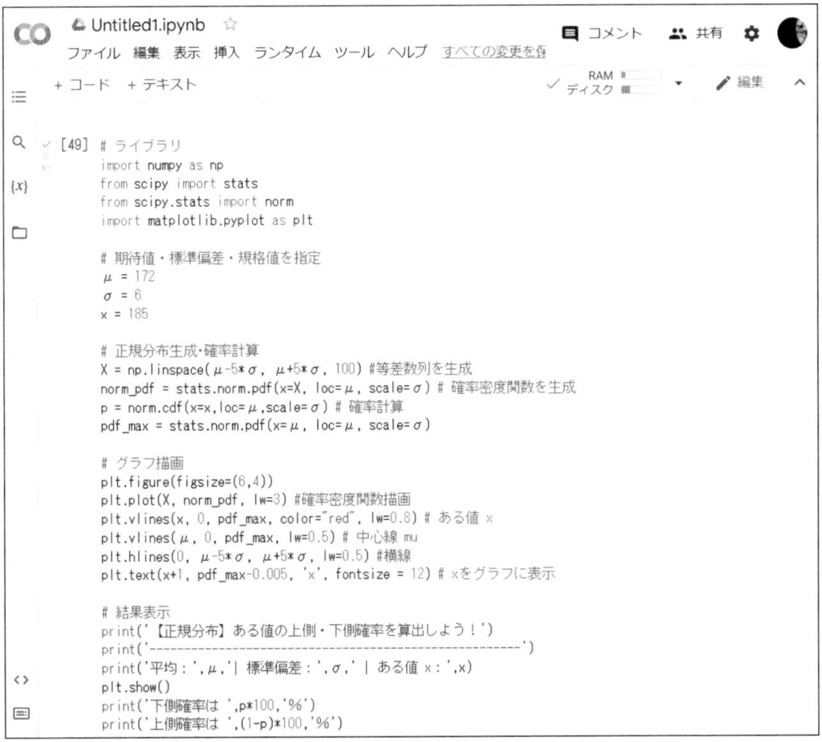

Untitled1.ipynb
ファイル 編集 表示 挿入 ランタイム ツール ヘルプ すべての変更を保
コメント 共有
+ コード + テキスト RAM ディスク 編集

```
[49] # ライブラリ
     import numpy as np
     from scipy import stats
     from scipy.stats import norm
     import matplotlib.pyplot as plt

     # 期待値・標準偏差・規格値を指定
     μ = 172
     σ = 6
     x = 185

     # 正規分布生成・確率計算
     X = np.linspace(μ-5*σ, μ+5*σ, 100) #等差数列を生成
     norm_pdf = stats.norm.pdf(x=X, loc=μ, scale=σ) # 確率密度関数を生成
     p = norm.cdf(x=x,loc=μ,scale=σ) # 確率計算
     pdf_max = stats.norm.pdf(x=μ, loc=μ, scale=σ)

     # グラフ描画
     plt.figure(figsize=(6,4))
     plt.plot(X, norm_pdf, lw=3) #確率密度関数描画
     plt.vlines(x, 0, pdf_max, color="red", lw=0.8) # ある値 x
     plt.vlines(μ, 0, pdf_max, lw=0.5) # 中心線 mu
     plt.hlines(0, μ-5*σ, μ+5*σ, lw=0.5) #横線
     plt.text(x+1, pdf_max-0.005, 'x', fontsize = 12) # xをグラフに表示

     # 結果表示
     print('【正規分布】ある値の上側・下側確率を算出しよう！')
     print('-------------------------------------------------------')
     print('平均：',μ,'| 標準偏差：',σ,' | ある値 x：',x)
     plt.show()
     print('下側確率は ',p*100,'%')
     print('上側確率は ',(1-p)*100,'%')
```

実行結果は次ページの図の通りです。

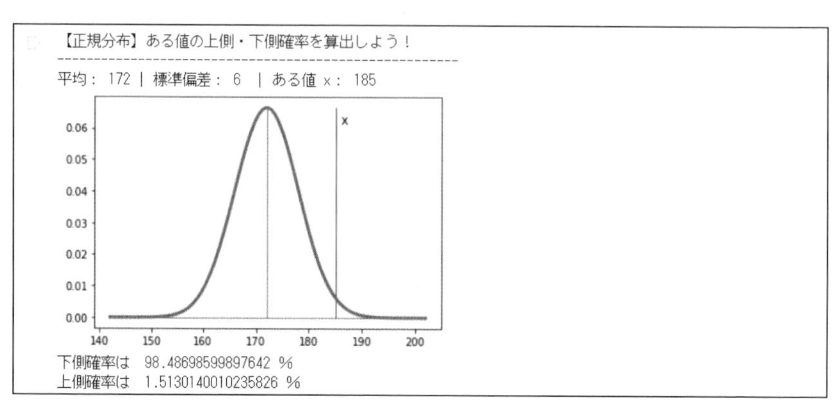

このプログラムのコードにいくつかのForms機能を実装してみたいと思います。

Ⅲ セルのコードを非表示にする

まず、セルのコードを非表示にしてみます。これは、プログラムの先頭行に `#@title` と入力するだけです。半角スペースを開けて任意の文字列を入力しておくと、入力した文字列だけがセルに表示されます。

下図は、先のプログラムに `#@title　正規分布確率計算` を入力したときのセル表示です。表示・非表示は、セルタイトルのダブルクリックにより切り替わります。

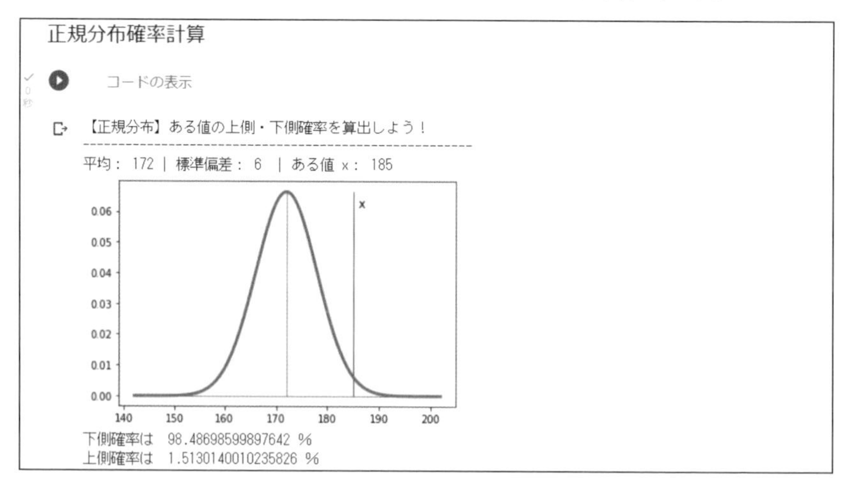

セルを非表示としただけですが、ずいぶん印象は変わります。

変数入力UIをセットする

次に、変数入力UIをセットしてみます。このプログラムの変数の値は、コードを都度、見直すのではなく、入力UIを設けておくと便利です。

ここでは、平均μ、標準偏差σ、ある値xをUIで変更できるようにしてみます。それには **# 期待値・標準偏差・規格値を指定** のコードを次のように変更するだけです。

SAMPLE CODE

```
# 期待値・標準偏差・規格値を指定
μ = 172 #@param {type:"number"}
σ = 6 #@param {type:"number"}
x = 185 #@param {type:"number"}
```

下図のように、セルにUIがセットされました。

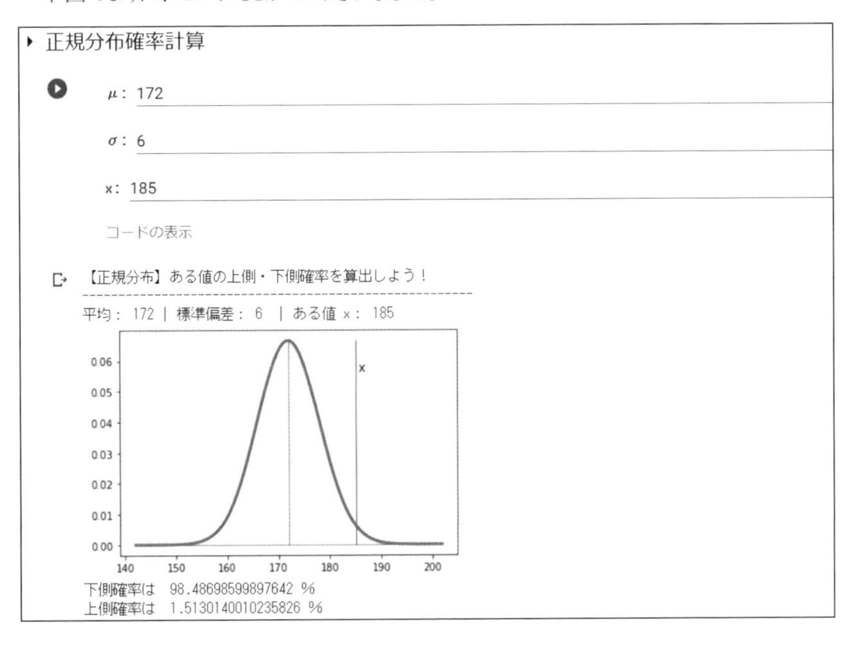

ドロップダウン・スライドバー・チェックボックスのUIをセットする

Forms機能は、ドロップダウン、スライドバー、チェックボックスのUIもセットすることができます。ここでは、次のUIを実装してみます。

- ドロップダウン
  - 正規分布曲線の色を選択できるようにする(line_color)
- スライドバー
  - グラフサイズの比率を変更できるようにする(fig_size_ratio)
- チェックボックス
  - グラフ表示の有無を選択できるようにする(fig_output)

▶ドロップダウン

ドロップダウンは、次のように記述し、`[]` 内に、選択肢を配置するだけです。

ここでは、正規分布曲線の色を選択するようにしているので、グラフ描画コマンド `plt.plot()` の引数の `color=` にFormsでセットした `line_color` を与えています(実際のコードは183ページを確認してください)。

SAMPLE CODE

```
# グラフ描画
line_color = 'gray' #@param ["gray","darkblue","black"]
```

▶スライドバー

スライドバーは、次のように、`{}` 内でUIのタイプ(`type:"slider"`)、スライドさせたい幅(最小値 `min` と最大値 `max` とステップ `step`)を指定するだけです。

ここでは、スライドバーでグラフサイズを変更するようにしているので、グラフ描画コマンド `plt.figure()` の引数 `figsize=` にFormsでセットした `fig_size_ratio` を与えています(実際のコードは183ページを確認してください)。

SAMPLE CODE

```
# グラフ描画
fig_size_ratio = 1 #@param {type:"slider", min:0.5, max:2, step:0.1}
```

▶チェックボックス

チェックボックスは、次ページのように、`{}` 内でUIのタイプ(`type:"boolean"`)を指定するだけです。

ここでは、チェックボックスがON(= `True`)ならば、グラフを描画させるため、グラフ描画コードの手前に `if fig_output == True:` も追加しています。

SAMPLE CODE

```
# グラフ描画
fig_output = True #@param {type:"boolean"}

if fig_output == True:
  plt.figure(figsize=(6*fig_size_ratio,4*fig_size_ratio))
  plt.plot(X, norm_pdf, color=line_color,lw=3) #確率密度関数描画
  plt.vlines(x, 0, pdf_max, color="red", lw=0.8) # ある値 x
  plt.vlines(μ, 0, pdf_max, lw=0.5) # 中心線 mu
  plt.hlines(0, μ-5*σ, μ+5*σ, lw=0.5) #横線
  plt.text(x+1, pdf_max-0.005, 'x', fontsize = 12) # xをグラフに表示
```

▶結果の確認

下図のように、セルにUIが追加されました。設定の見直しが簡単にできるので、とても便利です。

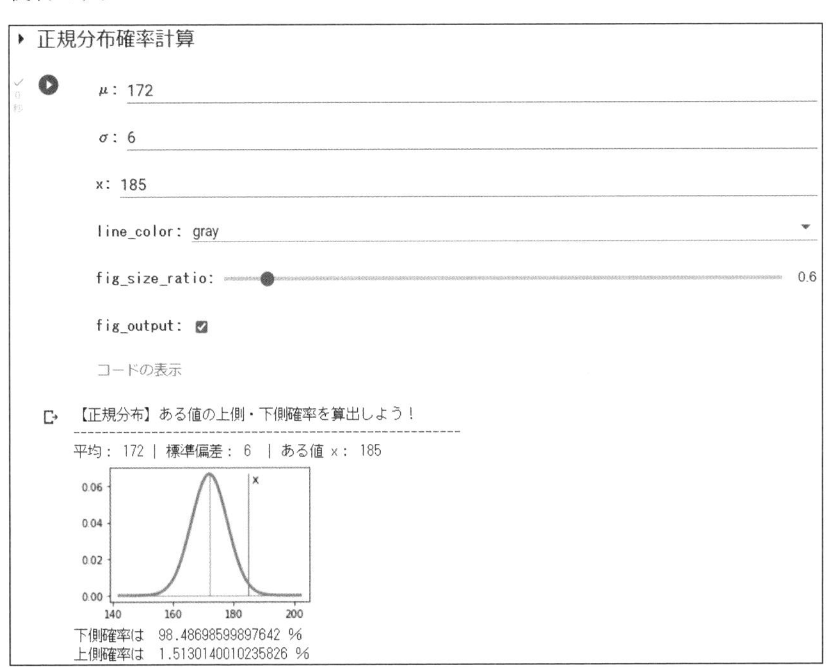

Markdownの追加と自動起動

最後に、Markdownによる説明の追加と、UI設定を変更するだけで自動起動するように変更してみます。

自動起動は、`#@title`の末尾に`{run: 'auto'}`を追加するだけです。これにより、ドロップダウン、スライドバー、チェックボックスの設定変更によりセルが自動起動します。

また、`#@markdown`の後に半角スペースを入力し、続けて入力した文字をセルに表示することができます。

SAMPLE CODE

```
#@title 正規分布確率計算 {run: 'auto'}
#@markdown  **<font color= "Crimson">使い方</font>**:実行する前に **μ, σ, x** を入力してください。**line_color**でグラフ線の色、**fig_size**でグラフサイズが変更できます。グラフ非表示にしたい時は**fig_output**の☑を外してください。</font>
```

セルの表示は下図のようになります。

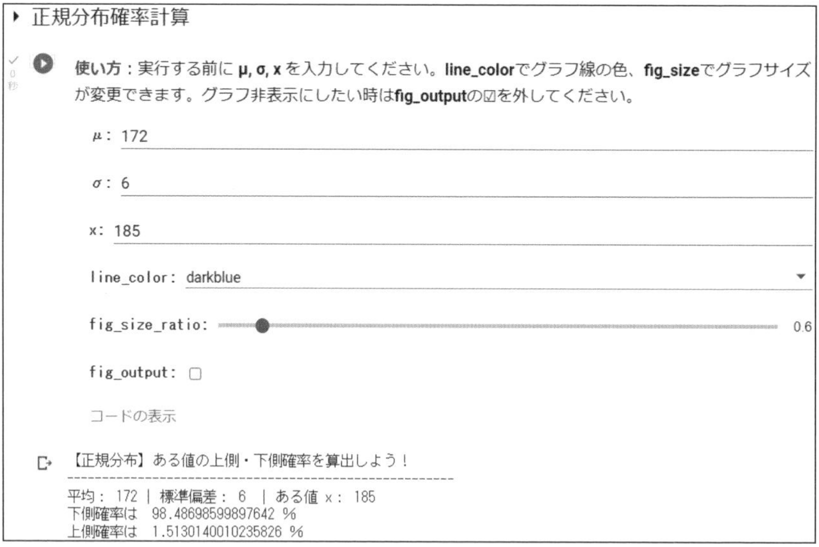

```
▸ 正規分布確率計算

使い方：実行する前に μ, σ, x を入力してください。line_colorでグラフ線の色、fig_sizeでグラフサイズが変更できます。グラフ非表示にしたい時はfig_outputの☑を外してください。

μ: 172
σ: 6
x: 185
line_color: darkblue
fig_size_ratio: 0.6
fig_output: ☐
コードの表示

【正規分布】ある値の上側・下側確率を算出しよう！
-----------------------------------------------------
平均: 172 | 標準偏差: 6 | ある値 x: 185
下側確率は 98.48698599897642 %
上側確率は 1.5130140010235826 %
```

このように、Google Colabなら、簡単にUIを実装することができます。

Forms機能で実装できるUIには、他にも種類がありますので、詳しくは下記の公式ページを確認してください。

URL https://colab.research.google.com/notebooks/forms.ipynb

最終的なコード

全実装コードは下記の通りです。

SAMPLE CODE

```
#@title 正規分布確率計算 {run: 'auto'}
#@markdown  **<font color= "Crimson">使い方</font>**:実行する前に **μ, σ,
x** を入力してください。**line_color**でグラフ線の色、**fig_size**でグラフサ
イズが変更できます。グラフ非表示にしたい時は**fig_output**の☑を外してくださ
い。</font>

# ライブラリ
import numpy as np
from scipy import stats
from scipy.stats import norm
import matplotlib.pyplot as plt

# 期待値・標準偏差・規格値を指定
μ = 172 #@param {type:"number"}
σ = 6 #@param {type:"number"}
x = 185 #@param {type:"number"}

# 正規分布生成·確率計算
X = np.linspace(μ-5*σ, μ+5*σ, 100) #等差数列を生成
norm_pdf = stats.norm.pdf(x=X, loc=μ, scale=σ) # 確率密度関数を生成
p = norm.cdf(x=x,loc=μ,scale=σ) # 確率計算
pdf_max = stats.norm.pdf(x=μ, loc=μ, scale=σ)

# グラフ描画
line_color = 'darkblue' #@param ["gray","darkblue", "black"]
fig_size_ratio = 0.6 #@param {type:"slider", min:0.5, max:2, step:0.1}
fig_output = False #@param {type:"boolean"}

if fig_output == True:
  plt.figure(figsize=(6*fig_size_ratio,4*fig_size_ratio))
  plt.plot(X, norm_pdf, color=line_color,lw=3) #確率密度関数描画
  plt.vlines(x, 0, pdf_max, color="red", lw=0.8) # ある値 x
  plt.vlines(μ, 0, pdf_max, lw=0.5) # 中心線 mu
  plt.hlines(0, μ-5*σ, μ+5*σ, lw=0.5) #横線
  plt.text(x+1, pdf_max-0.005, 'x', fontsize = 12) # xをグラフに表示

# 結果表示
print('【正規分布】ある値の上側・下側確率を算出しよう！')
print('--------------------------------------------------')
```

```
print('平均：',μ,'| 標準偏差：',σ,' | ある値 x:',x)
plt.show()
print('下側確率は ',p*100,'% ')
print('上側確率は ',(1-p)*100,'% ')
```

EPILOGUE

「多くのデータ項目が関連付いた複雑なデータ」を見る場合、データを複雑なまま見ると、打開策はおろか事実の把握すら難しくなります。とはいえ、各データ項目の分布や傾向を見るだけでは、先につなげるのは難しく、結局、なんだかんだと試行錯誤するばかりの袋小路に陥ってしまうということもままあります。

大切なのは、次の点にあると思います。

- データ全体を重要な項目と重要ではない項目に分ける
- 重要なデータ項目同士の違いや関連をよく見る

これによって、いつも「複雑なデータをシンプルに美しく表現できる」とは限りませんが、「視覚化のバラエティ」と「これらの視点」によって、描くことで見えてきたり、描くことで気付いたりすることが増えるので、「複雑なデータをシンプルに美しく表現できる」ということに近づく可能性を高めることができます。

人は「考えたことを書く」のではなく「書きながら考える」のだそうです。視覚化も「考えたことを描く」のではなく「描きながら考える」ということなのかもしれません。そうであるならば、視覚化のバラエティが豊富であるほど、考えられる幅も広がることになります。

このような観点から、本書は「Pythonでどのようなグラフを描くことができるか」と「とにかく描いてみる」に重きをおきました。実務で何らかのテーマに取り組んだ際に、「あぁ、たしかPythonでこんなグラフが……」と、かすかであっても意識のなかにイメージが浮かべば、視覚化のバラエティは確実に拡がっています。

本書で述べたように、多くのグラフや機械学習のプログラムのステップや流れは、大きな枠組みで見ると同じなので、『「できる」と知ったことを「例のパターン」でやるんだっけな』という構えで、多くの場合は何とかなります。

わからないコードにぶつかったときは、その都度、調べたり、部分的に実行して結果を確認する必要がありますが、筆者は「やってみること」が何よりも大切であると思います。

コードに対して、地図でいえば、先にすべての道や地名を覚えるような（苦痛を伴う）アプローチをとるのではなく、地図の見方・読み方をつかむことを優先して、「やりたいと思ったことをとにかくやってみる」を繰り返す、これは心折れることなく健全に進める要素であるようにも思います。

PythonはOSS（オープンソースソフトウェア）です。これからも、役に立ち、便利で、素晴らしいライブラリはますます増えていくでしょう。食わず嫌いはあまりに惜しいです。どこからでも、つまみ食いでも、とにかく食べてみてほしいと思います。

筆者の割り切りともいえる認識から、本書の記述コードに拙さが伴っていることはお詫びしないといけませんが、本書がより多くの「描きながら考える」につながれば幸いです。

2023年1月

hima2b4

INDEX

記号

.ipynb …… 104,117
!pip install …… 57
#@markdown …… 182
#@param …… 179
#@title …… 178

A

Accuracy …… 158
aes() …… 74
alpha …… 72
as …… 62

B

Bar Chart …… 112
best_estimator_ …… 163
binary …… 24
Bokeh …… 69
bool …… 89
Boston_housingデータセット …… 83
Business Understanding …… 121

C

classification …… 24
Classification report_test …… 158
Class separater plot …… 49,103
colormap …… 68,70
Column …… 27
Confusion matrix_test …… 157
Correlations …… 111
CRISP-DM …… 121
CRoss Industry Standard Process for Data Mining …… 121
CSV …… 129
CSVデータ …… 51

D

Dataprep …… 106,112
Data Preparation …… 121
Data Understanding …… 121
datetime …… 90
Dendrogram …… 112
Deployment …… 121
DIAGRAM OF THE CAUSES OF MORTALIT …… 14
Dtype …… 27

E

EDA …… 106
elif …… 63
else …… 63
Evaluation …… 121
Exploratory Data Analysis …… 106

F

F1 …… 158
F1-score …… 158
facet_wrap() …… 74
False …… 89
figsize …… 68,70
figure.figsize …… 72
figure_size …… 75
fit() …… 144
float …… 89
float64 …… 89
Forms …… 58,176

G

geom_boxplot …… 74
geom_point …… 74
ggplot2 …… 74
ggtitle() …… 75
GitHub …… 105,118

Google Colaboratory ······ 17
Googleアカウント ······ 17

H

head() ······ 64
Heat Map ······ 112
HTMLファイル ······ 117
hue ······ 72

I

import ······ 62
info() ······ 64
int ······ 89
int64 ······ 89
Interactions ······ 111

J

Joint-plot ······ 42,103

K

Kendall ······ 111

L

Loan_predictionデータセット ······ 106

M

MAE ······ 161
Markdown ······ 182
matplotlib ······ 66
Missing Values ······ 112
mixed ······ 89
Modeling ······ 121

N

N.A. ······ 124
NaN ······ 124
Non-Null Count ······ 27
Normal model ······ 156
Notebook ······ 24,80,104,117,120
notnull() ······ 144

O

object ······ 89
Occupancy_detectionデータセット ······ 26
Optimal model ······ 157
Overview ······ 109

P

pairanalyzer() ······ 65
pairplot ······ 28,48,65
pandas ······ 62,66
pandas-bokeh ······ 33,44,69
Pearson ······ 111
plot ······ 66,68
plot_diff() ······ 112
plotnine ······ 30,39,42,50,74
Precision ······ 158
predict() ······ 164
Python ······ 15,56

R

R ······ 74
R^2 ······ 161
Recall ······ 158
regression ······ 24
RMSE ······ 161

S

scikit-learn ······ 155

seaborn …… 40,41,49,62,71
seaborn-analyzer …… 28,48,76
Semi Auto EDA …… 106
socre() …… 162
Spearman …… 111
Spectrum …… 112
str …… 89
style …… 72
support …… 158

T

tail() …… 64
theme_ …… 75
Titanicデータセット …… 122
title …… 68,70,72
True …… 89
try ～ except …… 143

U

UI …… 176
UTF-8 …… 51,53

V

Variable …… 110

W

warnings …… 62
wineデータセット …… 36

あ行

インストール …… 91
インチ …… 68,70
インポート …… 62
英訳 …… 127
折れ線グラフ …… 32,99

か行

回帰データ …… 24,132,160
過学習 …… 157
格納 …… 63
重ね合わせヒストグラム …… 39,98
画像出力 …… 133
型 …… 27
過適合 …… 157
機械学習 …… 154
木の深さ …… 132
共有 …… 104,117
グラフ …… 56,66
グラフ画像 …… 104
訓練データ …… 154
警告表示 …… 62
欠損値 …… 112
欠損データ …… 124,126
決定木 …… 124,130
ケンドール …… 111

さ行

再現率 …… 158
サイズ …… 68,70,72,75
最適化 …… 154
削除 …… 125
散布図 …… 40,101
視覚化 …… 14
時系列データ …… 32
樹形図 …… 112
使用制限 …… 21
数値 …… 89
数値化 …… 128
スピアマン …… 111
スペクトル …… 112
スライドバー …… 180
正解率 …… 158
整数 …… 89
説明変数 …… 58,168
セル …… 20
相関行列 …… 111

層別項目…… 72
層別散布図…… 86,101

た行

タイトル…… 68,70,72,75
縦並び折れ線グラフ…… 100
探索的データ分析…… 106
チェックボックス…… 180
チューニング…… 154
データ型…… 89
データクリーニング…… 121
データ項目…… 27
データセット…… 24,63,92
データの準備…… 121
データの理解…… 121
データフレーム…… 63
データプロファイリングレポート…… 106,109,117
データ分析…… 121
テーマ…… 68,70,72,75
適合率…… 158
デシジョンツリー…… 130
テストデータ…… 154
展開…… 121
統計情報…… 109
統計量…… 110
透明度…… 72
ドロップダウン…… 180

な行

ナイチンゲール…… 14
日時データ…… 90
二値分類データ…… 24
日本語化モジュール…… 91

は行

箱ひげ図…… 39,98
ピアソン…… 111
ヒートマップ…… 111,112
ビジネスの理解…… 121
ヒストグラム…… 29,95,110
非表示…… 178
評価…… 121
評価指標…… 156
浮動小数点数…… 89
不要なデータ項目…… 125
プログラムの流れ…… 56
プロセス…… 121
分類データ…… 24
変数入力UI…… 179
棒グラフ…… 48,100,110,112

ま行

目的変数…… 51,58,168
文字…… 89
文字コード…… 51,53
モデリング…… 121

や行

横並び散布図…… 102
横並びヒストグラム…… 97
読み込み…… 63,92

ら行

ライブラリ…… 15,57,62,91,151
ラベルエンコーディング…… 126
連続数値…… 24

■著者紹介

hima2b4（ひまつぶし）　1970年、滋賀生まれ。
某メーカーにて品質管理に従事。統計的手法（QC検定1級）から派生して、機械学習・テキスト分析・各種視覚化を我がものとすべく、ゼロからPythonと格闘。
Qiita投稿を通して、本書執筆の機会をいただくこととなった、自称「Pythonがさっぱりわからん人の気持ちがもっともわかるPythonユーザー」です。
「見えないものが見えるように、わからないことがわかるように、対象が訴えている何か?をつかむ」が原動力。
URL　https://qiita.com/hima2b4

編集担当：吉成明久 / カバーデザイン：秋田勘助（オフィス・エドモント）

Pythonでデータを視覚化する

2023年3月1日　初版発行

著　者　hima2b4
発行者　池田武人
発行所　株式会社　シーアンドアール研究所
新潟県新潟市北区西名目所4083-6（〒950-3122）
電話　025-259-4293　FAX　025-258-2801
印刷所　株式会社　ルナテック

ISBN978-4-86354-408-6 C3055